南船北马 吃东吃西

西坡 ／著

上海文化出版社

北

南

序

"南船北马 吃东吃西" 这个名称, 说白了就是 "南北通吃" 的意思, 活像 "力拔山兮气盖世" 的楚霸王的口吻, 当然, 它更像是长坂桥上的张翼德。

《三国演义》 中称赞张飞, "长坂桥头杀气生, 横枪立马眼圆睁。 一声好似轰雷震, 独退曹家百万兵"。 事实上, 张飞只是让人把树枝系在马尾上, 马一奔跑, 造成 "尘头大起, 疑有伏兵" 的假象吓退曹军而已, 并非真有万夫不当之勇。 因此, 这里的 "南船北马 吃东吃西", 颇有 "虚张声势" 的嫌疑。

中国幅员辽阔, 东西南北中, 无所不包。 即使这样, 以 "两方" ——南北——来概括 "五方", 足矣。 中国人习惯于用 "南方" "北方"、 "南人" "北人"、 "南京" "北京"、 "南腔" "北调" 等来作全国地理、 风俗以及文化上的区别。 尽管中国的行政区划喜欢用东北、西北、华南、华东、华北、西南等，但在一般人的心目中，似乎只认"南""北"。至于究竟"南""北"在地理学上意味着什么，也许他们并不十分清楚。可以肯定地说，大多数人对于"南""北"的理解，只限于把长江作为分界线。

无论受到了怎样的教育或宣传，人们对于"南""北"的理解，总的来说是不错的。是的，它们结合在一起，就是指代中国。蒋介石在《对卢沟桥事件之严正声明》中说，"地无分南北，年无分老幼，无论何人，皆有守土抗战之责任，皆应抱定牺牲一切之决心。"于此可见一斑。

"吃东吃西"，给人的直观印象是无所不包，无所遗漏，诸如"大小通吃""老少通吃""上下通吃"之类。这样看来，"吃东吃西"的意思是不是有点谮妄？我可以告诉读者的是，"吃东吃西"，除了有你猜测到的意思比如"十分""全部"之外，还有"东一榔头西一棒槌""东瞅瞅，西望望"等意思。如果一定要我明确究竟初衷为何的话，我更倾向于"通达无障碍"。

值得一提的是，书中"东南西北"的划分，绝对是粗线条的，甚至有意模糊了一些。原因，有地理上的，也有饮食习惯上的，更有篇目数量平衡上的考量。比如，新疆毫无疑问属于"西部"，但它又很北，于是就往"北"靠了；云贵地处祖国西南，由于把西安、新疆"搬"到了北部，所以它们就只能担纲起"西"的重任。诸如此类，不一而足。

我这个人，对于饮食向来"粗放"，什么南酸北咸，东甜西辣，既来之，则吃之，从不忌口，统通接纳。说到要把《南船北马 吃东吃西》这样一本小册子呈献给读者，我又希望它最好能把中华美食方面一些零零碎碎的小知识、小感受、小意见比较准确地传达出来，或许可以啰嗦成"一份让读者知道在中国可以吃到些什么的不完全食单"。不知是否能够如愿，敬请读者方家教我，在下不胜荣幸。

西坡

2018 年 6 月

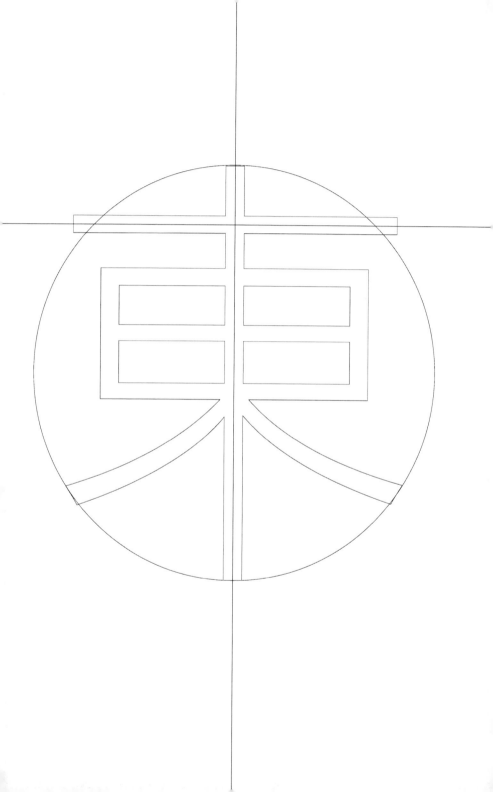

金陵食事

王浚楼船下益州，金陵王气黯然收。

千寻铁锁沉江底，一片降幡出石头。

人世几回伤往事，山形依旧枕寒流。

从今四海为家日，故垒萧萧芦荻秋。

这是我在南京看过一堵旧城墙后，脑海里油然浮出的一首唐诗，或许因为十多年前我到此地拜访过的程千帆、卞孝萱先生，已先后故去，或许还有别的什么……

日前应羽鸿兄之邀，与一些朋友结伴去南京。

午餐时间到了，我原以为他要把我们带到哪个星级酒店，没有，而是到中山陵风景区的紫金汇琵琶湖会所。该处茂林修竹，风景绝佳，建筑现代，装潢华贵，然而既不挂牌，也无广告，一如羽鸿兄的不事张扬。对于会所餐饮，我有点认识，多半不上不下。不上，指拿不出一流的特色菜肴；不下，指强于一般社会餐馆的水准。但这里有些不同，整桌菜，算不得奢侈，却相当精当。开吃前，我想当然地以为多少会上些南京特产，比如板鸭、香肚之类，实际上一个没有。高档会所，通常淡化"地域特色"，它要的只是"私房概念"、"隐秘性"，又岂能以庸常餐馆衡之。十二道菜中，我比较欣赏的有四道：潮州大鱼翅、铁板黑椒猪大肠、肉汁萝卜和港式羊腩煲。鱼翅是高档餐饮的"标杆"，做得好不好甚至可以不管。这里的鱼翅体量大且不说，炖得熟烂而富咬劲。上铁板黑椒猪大肠，没想到，大肠没有上海名店的草头圈子那样硬扎、个大，却是体形完整，滋味悠长。至于肉汁萝卜和港式羊腩煲，都是时令元素加时尚元素，可以体现点菜者的用心。一桌菜，奢华与质朴，繁复与简单，搭配有道，给人以舒服的感觉。

晚餐订在秦淮河边的秦淮人家。大菜之后推小吃，风光之后有风味，所谓绚烂至极趋于平淡，乃成境界。连茶水共二十二道：

> 雨花香茗茶、麻油烫干丝、如意茴卤干、红油鸡血汤、什锦豆腐脑、牛肉粉丝汤、桂花糖芋苗、雨花石汤圆、五香状元蛋、火茸香酥饼、鸭丁小烧卖、小笼薄皮包、秦淮小茶徽、牛肉煎锅贴、夫子庙臭干、蜜汁桂花藕、清炒水晶虾、川味煮牛柳、彩丝江白鱼、蒜茸蒸扇贝、茶树菇炖仔鸽、郊香炊时蔬。

对照传说中的"秦淮八绝"（指南京八家小吃馆的十六道名点，现多已不存）可以发现，从前热卖的小吃多半匿迹。也对，因为有的材质无所精进，有的粗壮食之过饱，不能与时俱进，自然在淘汰之列。

值得一提的是就餐环境。烟笼寒水，桨声灯影，琵琶古琴，隔岸犹唱，尽显六朝古都市廛风韵。"歌罢杨柳楼心月，舞低桃花扇底风"。虽然河东李香两君（柳如是、李香君）不再，但是浅吟低唱犹存，秦淮依旧让人神往。不禁追忆十多年前，我随《上海电视》诸君，踏金陵之软尘，在秦淮河畔宴饮，初尝小吃无数道，评弹十几番，以为胜国贵胄，不过如此，颇有今夕何夕之叹。此回重温"夜泊秦淮近酒家"的"功课"，目睹夜夜笙歌竟成常态，所谓"人世几回伤往事，山形依旧枕寒流"乃无凭据，"寒流"已成"热潮"。秦淮河两边，灯火辉煌，小吃林立，烟气冲天，人声鼎沸。略有所憾者，是稍逊一点婉约的诗情画意。

次日上午，赴南京郊区，参观一处生态旅游农业基地，有山有水，农林牧副渔，无所不备，一派桃源景象。最为难得的是，飞禽走兽，全部散养；瓜果菜蔬，一律有机。由于产量有限，全部定向供应，号称一鸡难求。就这么牛！看食单，名字多显纯朴可爱：铜山聪明糕（实际上由猪头肉做成肉冻而成）、胖头鱼炖豆腐、小人参烧肉、飞飞跳跳炖青豆、清炒韭菜、大蒜炒肉丝、青椒十里香、野山鸡炖山药、红烧老鸭、大灶锅巴……有人说，以后真正的有钱人，不是房地产大佬，而是农庄的庄园主，我看，这绝不是睁着眼说瞎话。

扬州狮子头

一向让人诟病的单位食堂，近来有了一点令我欣慰的变化——原来石骨铁硬的肉圆，因为里面含着一颗蛋黄而变得滋润起来。这一小小的变化，耗费物力不算，人力也加重了不少，更重要的是好吃了。现在的经营者们不大关心开源节流，而对产品的"附加值"看得很重，说穿了，是拉得动"内需"。单位食堂肉圆之变化，是不是出于这个目的？我这个人比较粗心，倒是没注意是否涨了价。

肉圆这个菜，几乎是所有单位食堂的保留菜，如果再要举两例的话，那就是排骨和炒蛋。虽然这几味菜人见人恨，但还得吃，而且吃不厌。怪！

有人考证，《齐民要术》上说，《食经》（南北朝）上记载的"跳丸炙"，就是狮子头的远祖。我是不大相信的，因为从字面上看，"跳丸炙"很像是关东煮或串烧里面的贡丸，和狮子头体量上不般配。

其实，最初的狮子头另有名称——葵花斸肉。

当年隋炀帝沿大运河南下，至扬州，对万松山、金钱墩、象牙林、葵花岗四大名胜十分赞赏，吩咐御厨以此四景为题，制作四道菜肴。御厨们挖空心思，终于做成了松鼠鳜鱼、金钱虾饼、象牙鸡条和葵花劗肉四道菜。其中的葵花劗肉，便是如今妇孺皆知的狮子头。

或问，葵花劗肉怎么会变成狮子头了的呢？

一说，唐时郇国公韦陟大宴宾客，家厨韦巨元仿做炀帝喜欢的四道菜。葵花劗肉上桌时，只见其外形雄厚敦实，精美绝伦，好似猛狮头颅，获得满堂喝彩。宾客们乘势大拍马屁："郇国公半生戎马，战功彪炳，应佩狮子帅印。"郇国公被捧得找不着北，大乐，曰："为纪念今日盛会，不如把'葵花劗肉'改名为'狮子头'吧。"狮子头之名，遂流传至今。

因为中土不产狮子，罕见，所以人多凭想象。只要看中国的石狮子与非洲雄狮多么的不同，即可知讹误之大。应当说，所谓狮子头，只是取中国石狮之形而已。如果前人对于非洲狮有足够的认识，哪里会把肉圆叫成"狮子头"呢！

我发现，真正把肉圆称为狮子头的人其实并不多，恐怕只限于江南一带。比如扬州人称大肉圆，正宗一点的叫法是"劗肉"。清代著名菜谱《调鼎集》卷二，有"大斩肉圆"条而无"狮子头"条；清人林兰痴《邗江三百咏》咏"葵花肉丸"云："宾厨缕切已频频，团此葵花放手新。饱腹也应思向日，纷纷肉食尔何人。"也不提及"狮头"。可证。

北方人对于肉圆，一般称为"丸子"，文气一点的，叫"四喜丸子"。

说起四喜丸子，还有一个很出名的掌故。

唐朝。有一年朝廷开科考试，寒士张九龄拔得头筹，皇帝便将他招为驸马。当时张九龄的家乡正遭水灾，父母背井离乡，不通音问。婚礼那天，张九龄正巧得知父母的下落，便派人将父母接到京城。张九龄让厨师烹制一道菜，一定要蕴含吉祥的意思，以示庆贺。菜端上来，是四个大丸子。张九龄询问含意，聪明的厨师答道："此菜为'四圆'。一喜，老爷头榜题名；二喜，成家完婚；三喜，做了乘龙快婿；四喜，合家团圆。"张九龄听了哈哈大笑，连连称赞，说："'四圆'不如'四喜'响亮好听，干脆叫'四喜丸子'吧。"

另，清季，人们对于慈禧祸国殃民，痛恨不已，便巧用"慈禧"二字的谐音讽之，把"炸慈禧"改叫"炸四喜"，把"慈禧完止"改叫"四喜丸子"。

这当然有点扯淡了。

但四喜丸子却被民间常常借用来描述那些大块头，倒是真的，比如《围城》当中的曹元朗。

好像魏明伦妙言，说某人像四喜丸子，光看体形不够，还得看他是否整天乐呵呵的。沙叶新的"曹元朗"固然不错，让曹可凡来演，可能更加高明。洵为的论。

不管"四喜丸子"如何蕴藉深厚，狮子头之谓，还是以形象生动取胜，被大众所接受。

世人只知"扬州三刀"，殊不知扬州还有"三头"：拆烩鲢鱼头、扒烧整猪头和红烧狮子头。我平生吃过自以为最好的狮子头，大都为扬州人手笔。我的一位亲戚嫁给扬州人家，婆婆做得一道极好的红烧狮子头，浓油赤酱，神完气足，看似状如铁丸，实际酥嫩多汁。奥妙在于肋条斩得到位，外加屧入切碎之荸荠。

上海扬州饭店是扬帮菜的大本营，狮子头为招牌菜，我吃到的则是蟹粉狮子头，清炖，一盅一颗，辅以菜心，鲜美无比，真正的入口即化。由于这个原因，吃这道菜，须得借助调匙撮取。

做狮子头，要领有两条：一是肥瘦之比为3∶7；一是细切粗斩（不要斩成肉糜状）。至于放不放荸荠之类，反而不是最重要的。

一桌江都菜

日前，接到美食家嘉禄兄电话，约至肇嘉浜路上的一家饭店吃饭。这家饭店，我是吃过一回的，只是，再……"是江都人来上海做的江北菜，有出名的'三头'可吃。"嘉禄兄在电话那头好像听出了我的迟疑不决，特别强调了一句。一听是吃江北菜，还有"三头"，我一下变得有点期待，进而急切起来了。

江都于我，可说既陌生又熟悉。陌生，是我从来没有到过，无法想象它是什么样子；熟悉，是我小学同学兼邻居，他的家乡，正是江都，我们都叫他"小江北"。从前上海有全钢（江）半钢（江）之分，是以手表外壳的材质影射父母均是江北籍或双亲中的一亲是江北籍。我的同学不仅是"全钢"，而且是"不锈钢"（老祖宗也是江北籍）。每年暑期，他必定回乡，返沪时总要带些土产，比如菱角、咸蛋和猪头之类，当时上海人不大看得上，便推测那里穷的程度。他跟我提得最多的一个词是"邵伯"，大概要在那个地方上船或下船。

后来明白，江都实际上就在扬州边上（大致是从前上海市区和嘉定县的关系），邵伯是江都的一个辖区，那儿有个湖，叫邵伯湖，自然有水产。小学同学说起过彼间的船闸，显得很自豪。我则报以冷笑，以为大惊小怪。如今才明白，那个船闸确实不值得推崇备至，可那个地方除了船闸真是没有什么可爱的风景，你不让小孩子以此自豪一下，难道还要让他絮叨家里养的猪怎么茁壮吗？其实，江都还是很有些东西可以"傲"一下的，比如餐饮，只不过叫一个黄口小儿由此切入摆谱儿哪里摆得了！

现在要说那桌江都菜。江都地面上有个搞酒店的老板，韩姓，年纪很轻，在当地开了三家餐饮店，以生态食品相号召，此番应"万亩粮仓"老板之邀，特地带着江都的食材和厨师，借"粮仓"一只灶头，做一桌地道的江都菜，让本地的资深馋虫见识见识。

菜单如下：

冷菜：盐水老鹅；邵伯香肠；江都猪头肉；高邮双黄咸蛋；扬州烫干丝；江都草头干；四美酱菜。

热菜：长江花鲢二吃（鱼头汤，红烧）；红烧河豚；扬州狮子头；清蒸土鸡；酸萝卜老鸭汤；邵伯湖青壳螺蛳；邵伯生态龙虾（水煮，红烧）；嘶马拉豆腐；扒猪脸；干椒炒土芹；清炒土韭菜。

在这个菜单里，要说非江都莫属的，几乎没有。但凡吃过上海有名的镇扬馆子，像扬州饭店、老半斋，包括川扬兼善的绿杨邨、梅龙镇、新镇江等等，大多可以找到出处，问题是都不那么齐全。自然，这桌菜要涵盖淮扬名膳也不大可能，而且，有些菜并非江都特产，例如江都草头干，实际上即江中的咸秧草，要论名气，后者可大多了。除此还有双黄咸蛋、红烧河豚之类，决非江都独擅胜场。难能可贵的是，主事者能够熔周边名菜于自己一炉之中，有整合、串连和推广的意识，相信只要努力，完全能够打开新的局面。

这桌菜在精工细作上稍逊风骚，但是地方色彩浓郁，原生原态毕现。

这桌菜里的"三头"——扒烧整猪头、拆烩鲢鱼头、扬州狮子头，颇能现出厨师的用心，尤其是扒烧整猪头，可谓酥而不烂，油而不腻，脸盆大小的整只猪头，既要完整无缺，又要面相讨人喜欢——笑眯眯的，一只鼻子上翘，两只耳朵平摊两侧，还要能吃、好吃，有相当的难度。略嫌不足的是，好像出菜的顺序有点乱。老法要求：先上猪头，再上鱼头，最后上狮子头。因为前者肥腴甘浓，吃后须用清爽淡雅的鱼头中和，后者鲜美滋润，既不抢前两者的风味，也正好齿颊留芳。

话说当年国民党元老陈果夫主政江苏时期，曾提议举办江苏全省物产展览会，于是制定了参展三原则：一是须省内各县咸知的名菜；一是需江苏出产的原料；一是要充分表现出江苏独特的风味格调。以此观照这桌江都菜，虽然其杂糅的成分不少，但基本合乎规矩，因此，在"去掉一个最高分和去掉一个最低分"后，给予一个"增持"的评级是合适的。

海门羊肉正当时

进入冬季，小伙伴们呼朋引类，商量着要去吃羊肉。

再看看电视里、报纸上、微信中……到处都在讲吃羊肉，好像这个时节不吃羊肉，就要被 OUT 了。

确实，冬令是最适合吃羊肉的。问题是，吃什么羊肉？怎么吃羊肉？许多人从来也不清楚。

以上海地区为例，流传最广的吃羊肉的好去处，有一大堆，比如真如、七宝、奉贤、金山、宝山等等，只是，它们让人疑窦丛生：这些地方过去都是农村不假，如今高度城镇化了，早已没了大片的草原，当地的羊是怎么生长的呢？当然，我也去那些地方参观过，有的地方毫无羊的踪迹（真如、七宝），有的地方有羊，但都是关在一个养殖场里（金山、奉贤），从理论上来说，那些地方的羊会是怎么样，是可想而知的。

我看过有人追捧崇明山羊的文章，觉得靠谱多了。想想也明白，崇明工业化程度相对较低，还保留着大片绿色的土地，应该更适合山羊的生长。不过呢，崇明的土地开发已经差不多了，如果有大片的、能够放牧的草原，是不是太奢侈了？

我的意思不是说这些地方的羊肉不好吃，不正宗，而是说我们的目光可以更开阔些。因为羊肉的好吃与否，一方面取决于品种，另一方面还要看烹调。如果两者兼具，那就有口福了。

在上海的周边区域，有上佳的羊肉可吃。比如大家熟知的苏州藏书羊肉，有口皆碑。另外湖州及太湖流域的湖羊，也是绝对好的品种（据说公元十世纪从内蒙古引种）。如果你有足够的时间和兴趣，专程去那里品尝，值得。

哦，还有。那天，屏幕上正在播放一位大厨在教观众烧海门红烧羊肉，一下子激起了我对海门羊肉的美好感觉。

令我感到遗憾的是，许多人不太了解的海门山羊肉，其实它绝对在好的羊肉之列。我吃过好多地方的羊肉，包括内蒙古大草原来的，应该说各具特色。能够每顿都能吃上内蒙古羊肉，自然求之不得，可这是非常难以办到的。我只能说，海门羊肉可以顶这个"缺"。

我吃海门羊肉的最大感受是那里的羊膻味极少，肉质肥嫩，吃口鲜美。我知道这个评价也适合于其他享有盛名的羊肉。可是，同样的评价，还有感觉上的级差，而海门羊肉在我心里无疑是"最高级别"。原先我还不知道，一个偶然的机会，我无意中查到，海门山羊竟然是"中国农产品地理标志产品"，受到"地理标志产品"的保护。这就是说，在地理坐标为东经 121°

04′00″～121°32′00″，北纬 31°46′00″～32°09′00″的范围内（即海门境内）出产的山羊，是国家畜禽品种资源保护品种之一。在历史上，茅台酒、铁棍山药、天津鸭梨等，都是属于"地理标志产品"。你想，海门的羊肉该有多牛！为此，海门山羊还被国家命名为"长江三角洲的白山羊"，也是莫大的荣誉，意味着，要说起长江三角洲的白山羊，海门的是"老大"！我可以肯定，绝大多数爱吃羊肉的人，并不知道海门山羊的品质有多优秀。

想想也对，崇明羊肉既然这么受推崇，那么海门羊肉一定更优秀，因为历史上的崇明就是属于江苏省的，而海门则在邻近崇明的地区，已经得了地利。海门山羊的中心产区，地势平坦，沟河纵横，水源充足，受明显的海洋性季风气候的影响，这里有着长江下游最肥嫩的青草，天时又帮助了海门山羊得到最佳的食物。再加上历代海门人精心育种、饲养，得天独厚，自然成为一方名物。

到海门，只要吃当地最有名的一道"海门提汤羊肉"就够了。

也许有人要说，太节省了吧。那你是误会了。

所谓"提汤羊肉"，是一种很有地方特色的做法：

将一只整羊或一只羊腿，洗净，加酒、生姜在水中汆一下，再加料酒、生姜、葱结等，用清水煮，直到能拆骨为止。羊汤和去骨羊肉备用（此即所谓提汤），可制作成系列菜肴。比如羊肉，可作白切羊肉（去骨羊腿加适当辅料，煮熟，用纱布包好，加压成冻，切薄片装冷盆，再加香菜、甜面酱）；可作羊羔（将冰糖、红枣、酱油等调料先煮沸，再将去骨羊腿下锅煮成收羔，冻盆内切成薄片装冷盆）；可红烧（将糖、酱油等调料煮沸，去骨羊肉切厚片，下锅煮熟成热菜。也有的加粉丝等底菜）。又比如羊汤，可做羊杂碎汤（羊汤里加入羊头、羊爪、羊骨、羊杂碎，回锅文火再煮，把骨胶熬出，捞去骨头，即成羊汤；海门人喝羊汤讲究就着大饼、包子当早饭吃）、羊蹄汤（羊汤加羊爪、大蒜叶等）、羊肉粉丝汤（羊汤加拆骨时落下的碎肉、羊杂碎、羊头肉、粉丝、大蒜叶等）、清羊汤（羊汤加香菜或大蒜叶等）等。也可以将羊肉和鲫鱼等用羊汤同煮成菜，其味更鲜，而无鱼羊之腥膻味。

如果有谁请你吃全套的提汤羊肉，那是绝对看得起你的表现。据说海门的这道羊肉名菜，在明末清初就已爆得大名，乃该地一绝。

大饱口福之余，我深感，本来在上海吃海门羊肉已经够好了，想不到在当地吃到的，要好上几倍，这自然是因为新鲜，同时海门的师傅烹调羊肉很有一套，堪称独门绝技。

我要跟小伙伴们打个招呼：走起！去吃海门羊肉。

太湖三白

一

近年来，有个词比较热，叫做"躺着也中枪"，指毫无来由的倒霉事摊在某个人身上，是"无辜"这个意思的影像化。那，有没有"躺着也中奖"呢？我不敢说没有，只是感到很难。即使彩票中奖，你也得出去买啊，躺着有啥用呢。唯一的可能，是把全国人民的身份证号码集中起来从中抽奖，不要说躺着，就是死了，没准还能撞上了大运。可这是怎样的概率？天晓得！

有一种"躺着也中奖"，似乎得来全不费功夫。比如，原先在我们的小学课本里明明白白写着：我国最大的淡水湖泊，前三名是鄱阳湖、洞庭湖、太湖。虽然排在老三，但太湖和第二名的面积比起来，差距不是一点点。太湖若是个人，做梦也不会想到，自己在很短的时间里居然已经变成了老二——由于逐渐干涸，现在的洞庭湖的面积已经落在了太湖的后头。这不是"躺着也中奖"吗？

太湖由三晋二，算不得什么可喜可贺的事情。天不变，道亦不变，有什么可说的呢？天变而道不变，而且形态还没走坏，那才叫真本事。如果太湖"二"（第二名）了，连带太湖里的特产也都"二"（北方话，意为傻）了，那才是真的不妙。好在闻名天下的"太湖三白"，并没有因为沧海桑田，变成"二白"，幸甚之哉，尤其对于喜欢吃"三白"的老饕来说。

太湖三白之"三白"，比较一致的说法是：白鱼、白虾和银鱼。

怎么"三白"当中会有"一银"？汉语里头，银和白，常常是一回事，比如银发和白发。银色和白色基本上属于同种色系，可是若说银色和白色理所当然的就是同一种颜色，说不过去，否则要"银色"干吗？太湖三白当中一定是要有叫"银"的鱼存在，因为"银鱼"若"被白鱼"了，那么原来叫"白鱼"的家伙又该叫啥？一般人看到的那个叫"银鱼"的鱼，论起颜色来，好像要比那个叫"白鱼"的家伙更白，白得一往无前。可是，这却是一个误会：银鱼被捕捞出水面时，它原来的银色会立即变成白色。

哦，我们眼睛看到的，不完全是真切的。

银鱼是"五无产品"：无鳞、无骨、无刺、无肠、无鳔。民间通俗的叫法：冰鱼、玻璃鱼，以其通体透明、晶莹白皙之故。古代人又把它叫做玉箸鱼，因为它看上去像一根玉做的筷子

（清杨光辅《淞南乐府》：淞南好，斗酒饯春残。玉箸鱼鲜和韭煮，金花菜好入梼摊，蚕豆又登盘）。还有一种叫"白小"，杜工部《白小》诗曰："白小群分命，天然二寸鱼。细微沾水族，风俗当园蔬。入肆银花乱，倾箱雪片虚。生成犹拾卵，尽其义何如。"白白的，小小的，在杜甫眼里就像鱼卵，似乎行走在鱼的边缘。宋朝高承敷演的掌故说，当年，越王勾践正在吃一种鱼的时候，吴王夫差的军队打来，勾践遂将吃了一半的鱼倒入江中慌忙迎战。这些被吃剩的鱼在水里变作了另一种鱼，人们叫它"鲙残鱼"，即银鱼（见《事物纪原·鲙残》）。虽然荒诞不稽，倒也说出了银鱼渺小不过的事实。对于银鱼，有些比较粗糙的说法，如"面条鱼""绣花针"等等，但均富具象。

如果要我说说对于银鱼的直观印象，我觉得它更像是条书蠹虫（书蠹虫，古时亦称银鱼。黄裳有《银鱼集》行世。此银鱼和彼银鱼是两回事，但样子倒是有点相似），虽然这个说法实在煞风景得很。

"洞庭枇杷黄，银鱼肥又香。"早在春秋战国时期，银鱼被视若圣鱼、神鱼。我不知道这是出于什么原因，好看？好吃？"春后银鱼霜下鲈"，宋人把银鱼和著名的四鳃鲈鱼并列，可见其极其珍贵。传说日本人十分喜爱这种软不拉沓的鱼，称之为"鱼参"（鱼中人参），想必营养丰富。反正我在太湖之滨多次吃过银鱼，基本上是银鱼跑蛋或发菜银鱼羹，也没咂出什么特别的味道来。真是罪过。有人说银鱼，看之赏心悦目，闻之芬芳诱人，食之鲜美无比，我只能说：由他说去吧，我的感官可没那么敏锐。不过，银鱼蒸蛋自有一种鲜美清香逸出，倒也不假。上世纪六十年代，毛泽东到合肥视察，当地政府是用这道菜招待他老人家的。须知安徽的巢湖也盛产银鱼。

上海人好像不把银鱼当回事儿，有人把它晒成干货，想用的时候取出，放在蒸蛋或炒蛋里，增加鲜度。这种吃法，仿若吃海蜒。其他就很渺茫了。

把银鱼用面粉包裹，放入热油中炸一下，用来下酒，我觉得此法有点暴殄天物。巢湖一带有种吃法：把豆腐煮成老豆腐，形成许多孔洞，此时将汤水兑得温和一些，再放入一些银鱼。银鱼受了热量，忙不迭窜入孔洞中避难，哪知恰好成了被"瓮中捉鳖"的鳖大，其鲜味渗透进了豆腐，让人吃起来齿颊留香。

相比之下，后者比前者有创意多了。

二

太湖三白当中的白虾是令人不可思议的东西。

事实上，在世界，或者中国，所谓白虾，并非太湖所仅有，为什么太湖"白虾"竟然成为太湖的"名片"？

从生物学角度论白虾，白虾就是一种白色的虾，平时身体透明，死后肌肉呈白色，故名白虾。这，或许是为了区别那种灰色的虾而命名的吧。然而，有人若把"太湖三白"里的"白虾"，和上述的"白虾"完全等同起来，就会有点问题。

从分布情况看，白虾的种类已知共有六种，大部分生活在印度洋—西太平洋地区温暖海域或淡水中，只有少数生活在纯淡水的江河、湖泊，比如"秀丽白虾"。

"秀丽白虾"是否就是太湖"白虾"，我无法判断，但至少，把"白虾"看作"太湖白虾"是鲁莽的。如果不惮繁琐，称太湖里的"白虾"为"白米虾"，倒是比较直观和简洁的。

白米虾除了具有和其他白虾一样的特征——白之外，中间那个"米"字应该怎么理解？我想恐怕是取其"小"的意思吧。汉语里，米，有极小、极少的意思，杜甫《秋兴八首·其七》："波漂菰米沉云黑，露冷莲房坠粉红。"说的正是那种渺小无依的情景。那么白米虾应该具有白和小的特征。

和常见的河虾、海虾相比，白米虾就像生了"白化病"。人若生了这种病，全身皮肤、毛发、眼睛泛白。这是由于先天性缺乏酪氨酸酶或酪氨酸酶功能减退，以致黑色素合成发生障碍所导致的遗传性白斑病。白米虾是不是也有类似的情况？别怕，它只是因为色素细胞少而已。白米虾之所以白，还有一个对于老饕来说值得庆幸的理由，是它的甲壳相当单薄，吃起来十分幼嫩。

古人无法解释白米虾的状况。在巢湖周边（巢湖水域也盛产白米虾，在其所有虾类构成中，白米虾约占 80％）。那里曾流传一则传说：古时巢州肮脏不堪，湖中水族也遭污染。玉皇大帝闻讯，便倾天河之水荡涤巢州，使巢州变为巢湖。湖中的鱼虾受到洗礼，浑浊形体于是晶莹透明。巢湖的白米虾的由来是这样的，那么太湖的呢？难道白米虾还得分"黑海舰队"和"太平洋舰队"（苏联时期两支著名舰队。此处，"黑海"之"黑"暗指浑浊的巢湖，"太平洋"之"太"隐喻清澈的太湖）不成？

清代《太湖备考》上有"太湖白虾甲天下，熟时色仍洁白"的说法。这不是什么了不起的发现，但是个可以区别其他河虾的重要标志。一般来说，所有的虾，青绿的，灰黑的，橘红的，黄褐的，等等，烧煮之后，总是呈现橘红色。白米虾则不然，无论你怎么煮、怎么烧，也就是一点点粉红的颜色，看上去像是没有煮熟。有句老话，叫"等不到虾红"，意为再短的时间也等不及了，急吼吼。这句话套在吃白米虾人身上，不尽恰当：随你煮它个七七四十九天，我（白米虾）自面不改色心不跳。清人董无恺《清玉案·太湖虾》描写太湖白米虾最为真切："湖波万顷明如练，虾菜寻常甚贱。水母空教无目见。编诸绳缕，牵来鉴网，早向冰盘荐。为姑为妾应红遍，偏此处沙虹色变，玉鬣冰肌风格擅，真堪助酒，还宜下筷，好供霜橙片。"玉鬣冰肌，有点夸张，但还说得过去，因为民间真有人称白米虾为"水晶虾"的。

捕捉白米虾的方法不少，可钓，可网，可扑（一种捕虾的专门技术）等等，但当地有一种捞捕方法极其滑稽：用一把干树枝扎成捆，再用一根长竹竿插入干树枝中（那不是一把扫帚嘛），将树枝投入水中，小虾就会自己往树枝里钻。届时，把树枝拉回船上，一阵拍打，小虾就会从树枝里抖落进船上。

袁枚烹饪银鱼的方法是别致的："银鱼起水时，名冰鲜。加鸡汤、火腿汤煨之。或炒食甚嫩。干者泡软，用酱水炒亦妙。"（见《随园食单》）银鱼虽小，他一下子给出了三种烧法，可见非常喜欢。他对于白鱼也有说法，唯独于白虾（太湖白虾）不著一笔，实在让人失望。

不过没关系。

吃白米虾最好的办法，也就是最简单的办法：水煮。加一点点葱、一点点姜以及一点点盐，再用一点点火候和再花一点点时间，足够。

我平时对于吃虾颇多顾忌，以其剥壳吸髓烦难，一般将整只塞进嘴里，然后调动舌尖和牙齿的积极性，作一番口腔运动，"吃侬肉，还侬壳"，走过这样一个程序，结束。此举常常遭来太太的嘲讽，谓之"小囡战法"，浪费资源（指吃得不干净）。按一般老吃客，倘遇稍大的虾，一定采用手剥，使之空心化，追求最大利益。但太太对于我吃白米虾时的故伎重演，倒也睁只眼闭只眼。为啥？盖因白米虾汤汁蕴涵渗透全身，鲜美无比，宜抿而剔食，若一用手剥，精华顿失。这是身在鱼米之乡的人们遗传的基因，毋须调教。

三

如果去餐馆吃饭，千万记得不要把白水鱼说成白鱼。白水鱼和白鱼是两种不同的鱼，尽管在学理上白鱼比白水鱼更正式一点。当然，在北方，也不要轻易地点一尾白水鱼吃，人家不熟悉，弄不好听岔了，给出的正是你一点也不喜欢的白鱼。

一般来说，白鱼有三种，一种是产于东北的兴凯白鱼；一种是产于黄河以北地区的蒙古红鲌（白鲢）；一种是产于长江及太湖流域的太湖白鱼。还有一种是海鱼。江南一带约定俗成把太湖白鱼叫成白水鱼，恐怕是为了避免和蒙古红鲌误会。我小时候，白鱼（白鲢）看得多，倒是太湖白水鱼少见，因为白水鱼那时还不能人工饲养，稀少，而白鱼（白鲢）产量高，味道却不佳，吃不起鲳鱼、带鱼、黄鱼甚至橡皮鱼的人家才会买来算是尝过了鱼腥。

太湖白水鱼体形扁长，一身银光，其最大的特点是嘴巴翘得厉害，民间称之为"翘嘴白鱼"。我对于白水鱼这个名称一直不解，按照白水鱼的命名逻辑，世界上难道还有黑水鱼、黄水鱼？如果这个逻辑成立，那么在长江、鄱阳湖、洞庭湖以及太湖生长的鱼，难道不能叫白水鱼吗？我猜想，白水鱼似乎应当作"白丝鱼"才对。看白水鱼的模样，它的皮，细腻柔滑，担得起用丝绸来比拟。

《吴郡志》载："白鱼出太湖者胜，民得采之，隋时入贡洛阳。"又说，"吴人以芒种日谓之入霉，梅后十五日谓之入时。白鱼至是盛出，谓之时里白。"它传递出的信息是，第一、此白鱼（白水鱼）非彼白鱼（北部地区），否则宫廷何不就地取材而要千里迢迢从吴地进贡？第二、白水鱼盛产于六七月份或梅雨后十五日，味道自然也最好。

白水鱼首尾翘起，身材修长，看上去像一把刀。太湖渔家确实有把白水鱼叫做"太湖银刀"的，而且，关于"太湖银刀"，还有一个有趣的传说：明朝末年，清兵进入太湖，渔老大张三率领一众人与清兵在太湖一带作战。一次，张三在太湖上面与清兵格斗，被一支利箭射中手臂，手中的大刀遂掉入湖中。他不顾剧痛，顺手从湖里拾起一把银刀，挥向清兵。张三勇猛彪悍以及有如神助的气势，让清兵害怕，不敢恋战，且战且退。后来，张三一瞧手中拿着的家伙，哪里是什么钢刀啊，原来竟是一条银光闪烁的白水鱼！于是，"银刀"这个名字就叫开了。

"银刀"是否可以替代刀鱼？需要取决于每个人的感受。从性价比上看，白水鱼完全在刀鱼之上。很多时候，鱼的味道，只跟它的稀有程度、价格高低纠葛在一起，是一种心理定势，和鲜美可口无关。至少在我看来，与其觊觎价格高企、细刺丛生、肉头不多的刀鱼，倒不如朵颐价廉物美的白水。也许我代表的只是平民观点，可谁能说这不是一种实实在在、更富家庭消费色彩的价值取向？

我并不是个嗜鱼者，自然也不是个食鱼行家，虽然在各种场合吃过各种各样的鱼，但印象比较深刻的还是白水鱼。

十几年以前，单位组织去同里游览。当地旅游部门的领导甚为好客，请一行人吃午饭。席中上了一条有两虎口长的清蒸白水鱼。起先我因畏刺，按兵不动，后来看同伴吃得津津有味，屏不住，夹了一块，放在嘴里一抿，好吃极了，便再也放不下。当时我只觉得略微有点咸，就请教作陪的主人。他说，烧白水鱼，是要偏咸一点才能吊出鲜味。从此以后，只要在太湖一带进膳，餐桌上有没有白水鱼，成为我关注的重点。

说来有趣。培良兄在太湖之滨经营一家休闲场所，去年，他请一些朋友前去提提意见出出主意。临别，他老兄表示，大家来一趟不容易，带些正当时令的太湖蟹回家。我和另一位朋友表示"不必费心"，对蟹"敬谢不敏"。培良兄即对手下耳语几句，另请吾等少安毋躁。不多久，每人两马甲袋大白水鱼就递到了我们手上，总有七八条之多。我不知道他人作何感想，自己却是暗暗叫好。可是数量一多，如何消化就成问题，这种鱼绝不能冰冻，否则滋味大打折扣。怎么办？归途中，想到好几个喜欢钓鱼又喜欢吃鱼的朋友，短信接连发出，让他们在我家小区门口等候取鱼……此举乃为我平生难得的豪举，虽然只是借花献佛。

白水鱼有清蒸、红烧、腌渍、熏烤、香糟煎、剁成肉泥做鱼圆等制法，惭愧得很，我只吃过清蒸。但是我也不会尝试以上其他做法，仍旧只是清蒸。没有别的想法，只是想让对清蒸白水鱼的美好印象不致因为处理不当而败坏。

袁枚对烧煮白水鱼甚有心得："白鱼肉最细，用糟鲥鱼同蒸之，最佳。或冬日微腌，加酒酿糟二日，亦佳。余在江中得网起活者，用酒蒸食，美不可言。糟之最佳，不可太久，久则肉木矣。"（《随园食单》）仔细看去，袁枚实际上还是很认同清蒸的。当然，尝试着糟一下，也未尝不可，但我持谨慎态度："用糟鲥鱼同蒸之"，创意虽好，代价不小；用酒蒸食，所费不多，但毕竟白水鱼太好吃了，吃得多，水涨船高，酒精含量跟着上去了，难免有酒驾的嫌疑。

肉骨头啃啃

不谙中国或中国地方饮食风俗的朋友，对于"肉骨头啃啃"（上海俗语，即吃肉骨头），相当看不懂。好好的蹄髈肉、五花肉、腿肉、排骨，乃至小排骨不吃，去啃肉骨头，想得出！

啃，原意是一点一点地咬下来。啃骨头，就是用牙剥食骨头上的肉。肉骨头啃啃，不能简单理解为啃生理学意义上的"骨头"。骨往往与肉"对举"，比如，跟着狼吃肉，跟着狗啃骨；或"吃肉和啃骨头的事都得干"之类。有谁见过"啃"里脊肉的呢？

这世界，不怕做不到，就怕想不到。有道是："好肉长在骨头上。"素食者除外，如果有人吃过猪羊牛或鸡鸭鹅，哪个不知道禽畜靠近骨头的肉最活最好吃？也许西方人对此还有疑问，因为他们通常喜欢把骨头剔除之后才觉得是在吃肉。吃肉就是吃肉，骨头怎么能吃？天下哪有放着肉不吃，专吃骨头的呢？偏偏很多人，尤其是中国人，就是爱啃肉骨头。不啃掉几块，他们觉得吃肉吃得还不到位。这才是真正会吃、懂吃的老饕！

不过，细究起来，这"肉骨头"确实要有点说法，最应当给那些对此疑惑不解的人一个交待的是，所谓"肉骨头"，是指那种带肉的骨头，或者不妨说是带骨头的肉。

打断骨头连着筋。假如只有骨头而没连着一点点筋，或沾着一点点的肉，这种骨头谁爱吃（骨头汤除外）？

事实上，在中国人的食谱里，能够冠以"啃"的"骨头"，一定是带点肉的，也许不多，也许很多。

无锡肉骨头

提起肉骨头，无法不联想到无锡肉骨头。

无锡肉骨头，又称酱排骨。从名称可知，无锡肉骨头是个"伪命题"。有句话怎么说来着？"肉就是排骨，排骨就是肉"。无锡肉骨头，的的确确是排骨，也因此的的确确是肉。

我小时候，住在隔壁的同学是无锡人，老是听他说肉骨头怎么怎么好吃，于是很犯迷糊，实在想不出骨头怎么吃，更不理解怎么好吃。后来到无锡游玩，返回时几乎人手"一本'老三篇'"——惠山泥人、小笼馒头、肉骨头（若单纯讲吃，惠山泥人应被油面筋替代）。三样东西，其他两样都很直观，就是肉骨头，买了也不知究竟该买不该买，尤其害怕遭到家里人的酷评。拆开，装盆，品尝，才懂：敢情这也叫骨头？一水的纯精肉。有一回朋友送来的无锡肉骨头，里面竟连一根像刀鱼刺那样的骨头都没有！好比牛排，只有牛肉而没有排骨。

无锡肉骨头，历史很悠久。光绪年间，无锡南门莫盛兴饭馆，利用斩下肉后剩余的背脊和胸肋骨，加工成酱排骨，当作下酒菜售卖。1927 年，慎余肉庄对肉骨头的烹调作了改进，基本上把无锡肉骨头的模式固定下来。现在无锡最负盛名的"三凤桥肉庄"，就是慎余肉庄的今身。虽然我对于"三凤桥肉庄"传承了"慎余肉庄"多少衣钵无法判断，但有一点是肯定的：现在的无锡肉骨头，比起百年前来，肉的比重在增加，而骨的比重在减少。

"肉庄"，在无锡指专门销售肉骨头的商店，并非大家熟知的菜场里卖肉铺子。"肉庄"，也就是在无锡通行的一个专用名词，换个地方，一定让人抓狂。

无锡肉骨头之所以不改"骨头"之谓，底气在于它取自猪的排骨，而非其他部位的肉。斫就的小块排骨，加桂皮、茴香、葱、姜、糖等作料，烧至酥烂。

肉松骨头

靠近无锡的太仓，也有一款很有名的肉骨头，叫"肉松骨头"。和无锡肉骨头不同，肉松骨头确确实实是肉骨头——带肉的骨头。太仓以肉松闻名天下，肉松自然由不带骨的肉制成，剔除了肉的猪筒骨派了什么用处？嗒，做肉松骨头。

肉松骨头并不意味骨头和肉松的同盟关系，而是战略伙伴，更像是"废物利用"。当然，假设工人把骨头上的肉剔得非常干净，那么，剩下的骨头其利用价值不会太高，最多用作高汤之类。现在，有意识地在筒骨上残留一些肉，加工一下，就把骨头当肉卖了。太仓人真是精得很。

肉松骨头吃口香浓，奥秘在于用制作太仓肉松的原汤和配方注入到烹制肉松骨头当中去，因此既有肉松之香酥，又具骨头之筋道。我观察过，凡是品尝肉松骨头的人，几乎都是两手并用（不用筷子）；从头吃到尾，一气呵成，中途不带"改换门庭"，而且吃相绝对难看，啄、扣、吸、吮、撕、挖、咬、扒、剔、啃……无所不用其极，鲜有不将酱汁不慎涂抹于鼻尖上者；由于骨头体量魁伟，一块即有一拳一掌之大，多数人消灭一个单元后不用喊"缴枪"，便双手举起做投降状。

大凡到太仓点肉松骨头者，记得一定要少点二三只菜。一块肉松骨头下肚，要消化它，没有两天时间可不行。

东北肉骨头

因为有个朋友是东北人，而且他的太太曾经一度还经营过一家东北馆子，所以对于东北菜，我有点了解。

在一般人的概念里，东北菜，不就是拍个黄瓜、腌个酸菜、煮个粉条白肉、炖个小鸡蘑菇什么的嘛。和大多数不谙此道的人一样，起初我对于东北菜的"体量"有些轻视，以为和"大秤分银、大碗喝酒、大块吃肉"的东北气概有所不合，但有一次，我真正领教了东北菜的厉害。

那回，几杯酒下肚，开始上热菜。只见一位服务生端上一只巨大的脸盆。我只当是一道汤，或者火锅之类的菜肴，不承想，竟是一盆肉骨头！这盆肉骨头，当然不像无锡肉骨头那样小巧，和太仓肉松骨头相比，也明显大出许多，犹如大腿和小腿之比。像这样肉骨头，要满足一桌十人每人一份的配额，非用大脸盆装不可。同时，一班食客被分发到一副薄膜手套和一根吸管。手套是方便两手捧着大膑骨、股骨啃食；吸管则是用来吮吸骨髓的。这是规定动作，如放弃，即宣示与肉骨头不相干了。

令人颇感意外的是，饮食相对粗犷的东北银（人），在啃肉骨头上居然表现出了极其细腻的一面——敲骨吸髓，不厌其烦。

我非常疑惑：这肉骨头，难道算是东北菜？

朋友解释道：正是，地道的东北菜！

这顿饭，我以为应当放在大雪纷飞的冬天，大家盘腿坐在热炕上，从下午三四点钟开吃，一直到深更半夜，才够味，才吃得完，才吃得舒畅。小酒喝喝，骨头啃啃，多么惬意。像我们这样带有应酬性质的吃法，非但不能把眼前的肉骨头啃完，还连累接下去将要进行的味蕾享受。

事实证明，确实如此。

砸骨吸髓

江南人"啃"肉骨头，其中很大一部分，是觊觎其中的"骨髓"。笔者小的时候，肉骨头啃啃是常态。不是因为它的营养、好吃，而是便宜、实惠。每当吃到骨头，小孩子照例乱啃一气，随后一弃了之。大人难免要嗔怪几句：怎么那么浪费！

浪费？是的。在大人眼里，我们没有将骨髓好好地利用起来，有点糟蹋。于是，他们重新捡起筒骨，用筷子往骨头孔洞里鼓捣几下，让小孩子接着吮吸几下，或者自己享用，嘴里不停地说：吃了补啊。可是，他们从来不问问我们好吃不好吃啊。"敲剥骨髓"，很难听，像是控诉旧社会不良之人压迫、榨取劳动者血汗的专用名词。这个词的原始出处，我想应该来自于生活经验。在医学上，吃骨髓也是有所依傍的。清代王孟英说过："猪骨髓甘平，补髓，养阴，治骨蒸劳热、带浊、遗精。"

确实，能够意识到骨髓的好处，不到一定年龄，体会不深。

肉骨头啃啃，骨边肉自然不可轻易放弃，骨中之髓也需要认真对待，这才是喜欢啃肉骨头的人，必须的。

肉骨头上还附着一样非常好的东西——筋。如果烹调到位，它会给人独特的享受。筋是肉组织的一部分，也可以说是骨组织的一部分。餐饮上有个比较专门的词，叫筋道，很难精确描述它的性质，略当于富有弹性、弹牙等等，是咀嚼那玩意时产生的那种不可言传的快感。肉骨头啃啃，很大程度上包含啃筋的过程。

和骨髓一样，筋究竟有什么营养价值，大多数人并不清楚，基本上都是听大人们的"口口相传"。猪筋富含胶原蛋白，这是很多人不太明白的。有一点，经常买菜的人都了解：猪筋不比猪肉便宜。

肉骨头啃啃，还得啃到软骨——骨头边上一层白色的、片状的、软中带硬的"骨头"。软骨绝对不好吃，却是标准的"鸡肋"：食之无味，弃之可惜。因为它蕴含的软骨素，对调理身体十分有利，如具有良好的保水性、保持微量营养素、参与制造骨骼、促进伤口提早痊愈、保持关节的滑顺作用、净化血液与阻止凝固、对眼睛组织的修复、防止细菌感染等功能，为医生所看重。

上海有不少餐馆标榜专吃肉骨头，店招就是"骨头王"，说起来无非是啃肉骨头为主。上海有家曾经风光无限的火锅店，其特色便是以肉骨头作为锅底。它的肉骨头硕大无比，见者无不大惊失色。因为过于巨大，几乎没有人能专享得了，于是只好配把小刀，随割随吃，"啃"的动作无形当中被边缘化了。

宁波人精于烹饪，他们知道肉骨头的好处，也知道收拾它的难处，索性将猪骨（主要是猪腔骨）全部敲碎，用砂锅煨至烂泥状，放作料和炒好的早米粉勾芡，调成芝麻糊的样子就可以吃了。在当地，这叫"大骨浆"，以瞻岐所产最为著名。只可惜，同样吃肉骨头，"大骨浆"彻底颠覆了"啃"的套路，走得太远了些。

谈"骨"论今

说来你也许不信，肉骨头曾经是一道御膳。

宋徽宗时举行皇寿宴（为庆祝皇帝生日而办的宴席），其中有一道菜，叫炙骨头（见孟元老《东京梦华录》卷九）。怎么做，书上没说。所谓炙骨头，推想是类似烤羊脊或烤牛仔骨。据说是将带骨猪肋条，去肥膘，顺肋骨间隙切成数块再把肋骨肉从一头掀起，使一头与肉相连。先以精盐、料酒、葱、姜腌渍一小时，然后用木炭炙烤，一边用刷子将辣酱油刷在食材上，半小时后即成。

可以想象，那些王公贵胄，坐在大殿上，当着皇帝的面，大啃肉骨头，吃相很差。好在皇帝也是如此，于是，君臣一道上演埋头啃骨的滑稽戏，倒也有趣。

这是一种把肉骨头炙烤的情况。

还有一种是蒸。韩国有道名菜，叫蒸肋骨。据说"蒸"，其实应该写作"煮"，把肋骨和一半的调料放在锅里，放水没至肋骨，用大火煮，待汤汁收去一半，转小火煨，加另一半调料再煮。将汤汁滗出，倒入另外一只锅里，加水，下白萝卜、胡萝卜、栗子、冬菇，煮至软熟，与肋骨共煮半小时即成。正式上桌时，还要加煎蛋和红绿辣椒片。韩国人认为这道菜之所以珍贵，是因为带骨烹制，没有了骨头，也就乏善可陈了。相比之下，流行于我国南粤一带的蒸排骨，才是真正的蒸。

新马地区流行吃肉骨茶。所谓茶，并非茶叶的茶，实是煲汤的汤。其中的肉骨，一般是小排骨，但有时也会是小块的筒骨或猪手，其中必须加放几味著名药材，如党参、枸杞、当归等等。我在新加坡吃过。传说原先这道菜是一味祛风湿的药，后来有人偶然将肉骨头放入汤药中同煮，竟成名菜。

日本的"豚骨拉面"驰名世界，其中以"纪州豚骨酱油拉面"最负盛誉。所谓豚骨，即猪肉骨头。豚骨拉面中的高汤，就是由肉骨头熬制的。

其实，在中国，真正作为家常菜的肉骨头，一般总是烧汤。用于烧汤的肉骨头有个专用名词：汤骨。

童年时，我家弄堂口开了爿饮食店，卖的都是家常菜，其中生意最好的就数肉骨头黄豆汤。一只大圆桶，满满的，从早上开始，一直煮到中午开饭，用不了一个时辰，即告售罄。便宜是个因素：一角二分一碗；还好吃。你想，骨头汤要烧得好吃，非得耐得了性子慢慢煮，时间越长，味道越浓越鲜；黄豆也是如此。买一碗肉骨头黄豆汤，可就两碗饭，路过的那些踏黄鱼车的工友，无不把它作为"定食"。周边的居民自然也不肯放弃这样的好事情，总是在饮食店开门之前排起了队伍，志在必得。大门开启，顾客通常先让"来家什"（即居民自带的锅子）专司排队之职，自己则另外排队买筹子（筹子，等同取货单，从前风行先买单后消费）。等买好筹子，锅子已差不多要"喝"到汤了。比较计较一点的人还要缠着舀汤的人，兜底捞几块碎骨头上来，才算圆满。骨头黄豆汤嘛，没有肉骨头怎么行！

肉骨头汤怎么才算烧得好？我只是在前几天才刚刚晓得。苏州吴江吴越美食推进会会长蒋洪先生告诉我：把筒骨放在烤箱里烤至外表微焦，再红烧或烧汤，味香汁浓，非同一般。真想不到，竟然还有人对肉骨头的烧法花了大心思去研究！

只要想吃，而且吃得好，总有人愿意付出时间、精力，乐此不疲。鑫渠兄自称"极喜"啃肉骨头，他的心得是：肉骨头需烧到附着骨头的软骨"开花"、连着骨头的筋"断掉"才好吃。

我想，普通人烧肉骨头也许很注意火候、时间，否则吃不了，但要说深谙这个技巧，只有"极喜"之人才能琢磨出来。

老朋友薛兄，平生一大爱好，就是啃肉骨头。他说：上世纪九十年代中期，小菜场里买一斤肉骨头，不过几毛钱；购一副汤骨头只需一元六角。当时肉骨头和小排的价位之差非常大，时至今日，肉骨头早已超过了尾骨，且追平了小排，走势相当凌厉，表明其含金量越来越大。他在感叹"爱好难续"之余，还欣慰地说:"总算这几年肉骨头没白啃,去年跌了一跤,骨折了,但好得很快,全靠它了。"我当即泼他的冷水:说啃肉骨头让你的骨头变得好起来,恐怕只是心理作用。很多人骨折,便想用吃骨头来补骨头,其实是误会。医学专家早就指出,骨折早期,骨头汤喝得越多,骨折愈合得越慢。骨质疏松者可以针对性地吃些肉骨头,关键是肉骨头要长时间地煮,才能将内中的钙质析出,"速成"没用。不过没有关系,享受美食,过程非常重要。就这点而言,世界上,除了吃大闸蟹,大概就数啃肉骨头最有感觉啰!

馋吻吴江

乡味

坊间说法，中国有四大菜系：川、粤、鲁、淮扬。有人把淮扬改作"苏"——江苏，我是不大同意的。淮扬地区自然是江苏的辖区之一，但就餐饮而言，以"苏"指代淮扬，或以淮扬指代"苏"，均不妥。即如苏锡常地区，彼此的味道已经不太相同，又怎么能与淮扬菜挤作一堆呢？更不要说和徐州、南京、南通等地"唱和"了。

苏州与无锡的菜肴，人们给它一个专门的名称，叫苏锡帮；常州算不算在里面，还是个问号。我碰到无锡朋友，说起"苏锡帮"，他们很不以为然，认为无锡自成一派，怎么能跟苏州搅在一起？我听过之后，呵呵而已。我非此乡彼亲，难免隔膜，又何必强作解人？

此处要插一句。前几年我到广东中山，当地的朋友请我吃饭。他说了一句话，令我印象深刻："食在广东，实际上是食在中山。"中山是个地级市，一个地级市能说出如此"狂妄"的话，没有充分根据和充足底气，是办不了的。

"食在中山"，既是豪言，也是实话。试想，"食在中国"，在世界范围内没什么歧义吧，倘若一个外宾走下飞机，想吃中国菜，那我们给他吃什么呢？中国菜？哪有什么中国菜！中国菜是由一个个风味独特又形成一定规模的区域性菜肴组成的概念。因此，"食在中国"好比是大门，"食在中山"就是小门。大门不开，二门不进；二门进不了，何必叩大门？有时，即使进了二门，也不一定里面所有的房间都进得了的。搞不清方向，怎么进？

这回，在苏州吴江，又听到类似的话——"食在吴江"。口气，和中山的朋友有得一拼。

吴江是个鱼米之乡。鱼米之乡在农耕社会是个很高的评价，到现在，依然不减。乘奔驰，用苹果，听柏林，看巴萨，游马代……最终还得到厨房间里找吃的。鱼米之乡的潜台词，过去是富裕，现在仍然是，可知其存在的价值。像吴江那样的鱼米之乡，水里生的，田里种的，树上长的，家里养的，通通都是都市人心仪的，这就注定它的地位受人尊敬。

以吴江的行政区划而言，由县，而市（县级），而区（苏州市），似乎变迁很大，但沧海桑田，山河依旧，水域面积占了吴江三分之一，太湖、汾湖、九里湖、京杭大运河等贯穿其间；

吴江又有良田千顷（实为七十万亩），农作随遇而安，故尔物阜
民丰，人们给予"醇正水乡，旧时江南"的美名并不夸张。我
们只要看看吴江辖区里的那几个古雅的名字——西塘、同里、
黎里、震泽、芦墟、盛泽、七都、桃源……就会激发起对于
"美好"一词的联想。而在吴江，"美好"往往包含着对于当地
餐饮的描述和定义。

秋风起，蟹脚痒，金毛白肚的大闸蟹又占了餐饮的坛坫，
太湖蟹中最顶级的品种，就出在七都。光这一条，该有多大的
含金量！因为这只张牙舞爪的"怪物"，七都被评上了"中国大
闸蟹美食之乡"。

想必读者一定读过叶圣陶的《藕与莼菜》吧，在这篇文章
中，他深情地写道："在这里上海，藕这东西几乎是珍品了。大
概也是从我们的故乡运来的。但是数量不多，自有那些伺候豪
华公子硕腹巨贾的帮闲茶房们把大部分抢去了；其余的便要供
在较大一点的水果铺里，位置在金山苹果吕宋香芒之间，专待
善价而沽。至于挑着担子在街上叫卖的，也并不是没有，但不
是瘦得像乞丐的臂和腿，便涩得像未熟的柿子，实在无从欣
羡"，"在故乡的春天，几乎天天吃莼菜。莼菜本身没有味道，
味道全在于好的汤。但这样嫩绿的颜色与丰富的诗意，无味之
味真足令人心醉。在每条街旁的小河里，石埠头总歇着一两条
没篷船，满舱盛着莼菜，是从太湖里捞来的。当然能得日餐一

碗了。"在叶老的心目中，藕与莼菜，故乡最好。叶老的故乡是苏州吴县。吴县就在吴江的隔壁，所占的太湖面积不如吴江，可知吴江的藕与莼菜，当然也是好得无以复加的。《世说新语·识鉴》中说："张季鹰辟齐王东曹掾，在洛，见秋风起，因思吴中菰菜羹（按，《晋书》作菰菜、莼羹，本文从《晋书》）、鲈鱼脍。曰：'人生贵得适意尔，何能羁宦数千里以要名爵。'遂命驾便归。"其中，张季鹰，即张翰；菰菜即茭白；莼羹即莼菜羹。两样食材竟能让张翰辞官返乡，留下一段"莼鲈之思"的佳话，其魅力何其大哉。

张翰的故乡在哪里呢？正是吴江！

原味

我丝毫不怀疑吴江具有代表"苏帮"的能力，丰赡的食材和会吃的市民，是重要的两翼。苏帮菜并不像有些地方的"官府菜""宫廷菜"那么强调它的权威和正宗。苏州民间的家常小菜和酒楼饭庄的宴席的差距，并不如我们想象的那么大。我推测这是由于当地人比较注重"原汁原味"，即最大限度地保留食材本来的面目，不作过度"包装"所致。

无论在生态农庄，还是街头小铺，乃至百年老店，撤去华丽的浮沫，过滤时尚的元素，积淀下来的那些菜肴，"英雄所见略同"，总是那些——那些冷盆，那些热炒，那些汤水，那些点心；还是那些熟悉的菜名，还是那些熟悉的滋味，称作"经典"也未尝不可。

在吴江人的餐桌上，只要踏准时令，河虾绝对不可错过。一下子上了两道虾，清水河虾和酱油河虾，别人或许有点意兴阑珊——太普通，太重叠，在我却是欲罢不能，其中一个原因，是这些虾，不知是火候正好还是新鲜有加，外壳硬扎而内里滑嫩，清水虾有股葱和盐滋润下的清香，酱油虾则有股油爆和酱汁收拢后的馥郁。在这之前，我从来没有吃过烹调得那么本色又那么出色的河虾，以至于手拿（清水河虾）筷搛（酱油河虾）放在碟子里之后，希望圆台面转得快些，不厌其多，不厌其烦，"该出手时就出手"。我想我是被它们征服了。真不好意思，那两道河虾，一半是被我包圆了。不知道旁边的人怎么看我那副猴急相，美食在前，当仁不让，其余也就管不了那么多了。

一道红烧河鳗也要点个"赞"给它。标准的浓油赤酱，但吴江人烧得彻头彻尾的甜。这种甜，不是放了大量砂糖散发出的腻味，而是糖分子凝结而成"露"后的异香。增一分就变成焦糖，减一分则变成甘蔗，师傅的分寸把握得刚刚好。人们常说："理想很丰满，现实很骨感。"吃这样一道菜，我想说的是，"外表很丰满，内在很丰腴"。此话怎讲？没错，河鳗身材原本滚圆，再加上烹饪后自来芡的作用，显得格外茁壮魁伟。然而，烹调河鳗，人们最不愿意看到的是：外表漂亮，内在犹僵；或者外表颓唐，内在已柴。眼前这道红烧河鳗，一段一段"站"得很"挺刮"，甚至用筷子揿到碗里，还完好无缺；而用嘴一嘬，皮下脂肪和纤维就像嫩豆腐般被"吸"了出来。用"大音希声，大象无形"来形容显然是不妥的，但它就是有那种境界！行家里手如孔娘子，也被这道菜深深吸引，散席后专门跑到厨房间去请教。我估计，人家即使"一、二、三"罗列一番，要真正上得了手，出得了效果，非得言传身教、手把手教不可，没准人家还要留一手呢。

十多年前，随单位同事到同里游玩，在一家古色古香的酒楼里吃到一味清蒸白水鱼，至今难忘。

我这个人，从小很排斥吃鱼，嫌其骨鲠难侍。哎，那道白水鱼做得实在好，夹一块入口，新捕河鱼的新鲜气息从口腔贯通五脏，一下让我喜欢上了它，尽管白水鱼的锐刺确实让我很为难。

在吴江，白水鱼仍然是开门揖客的上选。让它缺席是说不过去的，因为它是吴江的标志食材之一。说实在话，这回并没有找到十几年前吃白水鱼的感觉，也许是主人太热情了，遴选的都是个大肉厚的重量级白水鱼，蒸的火候也到了，但我就是觉得细腻度差了一点，没有精纺真丝、水磨糯米粉式的柔黄凝脂招人臆想，找不到可以意淫一下的冲动。这当然不是一个问题。很有可能当年我是"初恋"，正在兴头上。事实上，几乎所有曾经美好的经验，都镌刻在心底里，总是要顽强地颠覆现时的想法，以表示过去的正确和合理。餐饮上弥漫的怀旧情绪，真是没有什么道理可讲，我的看法很有可能只是一个"孤证"。我希望那种情绪不会破坏我们正在享受着的美味。

看，那条白水鱼最终还是被一众食客"光盘"啦。

鲜味

到吴江不尝尝太湖三白（白水鱼，白米虾，银鱼）是不可理喻的；同样，不尝尝太湖"地三鲜"——菱，藕，芡实，也是无法原谅的，除了因为时令关系。

把菱作为主要的食材进行烹饪，恕我腹诽口欺，印象里没有上佳的表现，不是如僵化的芋艿，就是如塑制的零件，从来没有感觉味道入里，所谓"味同嚼蜡"，庶几近之。虽然吴江盛产菱角，可人家并不"唯我独尊"，一定要把菱的"文章"做足，而是，让不带任何加工成分的菱角，"素面朝天"，完全自然状态地呈现在餐桌上。这是高明之举。我不知道这种做法会有多少人附和，毕竟，餐桌上出现了生冷且样子不太好看再加需要龇牙咧嘴、手动臂摇才能搞定的东西，不是人人喜欢的。可是，你不觉得如此贴近自然、享受自然的馈赠，是一种很高级的状态吗？

藕，是上帝送给水乡的嫁妆，也是吴江最为寻常的物产。

吴江人把藕弄到餐桌上，有无数变化的可能，比如醋熘藕丝，这也是我家的时令菜；又比如肉炒藕片，那也是我家信手就来的。我最期待的藕夹，这次居然不期而遇了。

藕有七孔，九孔，十一孔，据说爱吃藕的人，"心比比干多一窍"，聪明。比干，商朝贵族商王太丁之子，自幼聪慧，20岁就做了帝师，辅佐帝王。纣王杀他的时候说："吾闻圣人心有七窍信有诸乎？"竟然把他的心挖开来看是否有七个孔，残暴至极。人们吃藕片，当然没有那么变态，也许是想让自己更聪明些。声明一下：我呢，只是因为好吃，尤其是做成藕夹。

藕夹的基本做法是，两片藕里夹肉糜，外表糊以面浆，放到油锅里炸到金黄即成。我知道再高级一点的藕夹，是用火腿末代替肉糜，还要加木耳碎屑，面浆里含有鸡蛋，等等。这样做出来的藕夹，荤素搭配，外松内脆，当然香气十足，非常好吃了。

不知道菱藕为何物是不可原谅的，哪怕没有吃过、见过；不知道芡实为何物则是无可指责的，哪怕它（芡实）以另外一种形式曾经入过你的口、到过你的手。没错，我们到苏浙那些靠近上海的小镇，总会碰到在卖芡实糕的铺子。尽管人们品尝之后完全说不清它究竟是什么味道，想不起来它和什么东西接近，推想大概芡实总是存在着的。可以肯定地说，十元钱一条打着"芡实"两字的糕，里面含有芡实的量，是"微不足道"

的。也许是因为贵。我亲眼所见，同里人家没事就拿着一只淘箩在剥一颗颗像莲心一样的芡实的"衣"，每斤卖到 120 元，"牛"到不肯还一点价：爱买不买！

芡实是一年生大型水生草本，和莲蓬相似，其子也与莲子相近，药用价值超过了食用价值，于是年年看涨。吴江厨师摆弄芡实，遵循"天然去雕饰"的原则，无为而治——拿它和同样"清爽"的百合炒成一盆菜，感觉就像羊脂白玉片和有年头的珍珠放在一只瓷盆里，堪称珠联璧合。为了避免视觉上过于"素白"，厨师加了几丝红绿甜椒，立刻显示出一派盎然生气！

啰嗦一句：芡实，就是现代京剧《沙家浜》里新四军伤员聊以充饥的"鸡头米"。当年等同于野菜，如今身价暴涨，说明它的价值被充分地挖掘。

其实，芡实在全国很多地方都有分布，但像吴江及周边地区那样注重开发、利用、提升，真是凤毛麟角。

吴江对于本地特产的利用，是无所不用其极的，比如白水鱼，整鱼，切段，清蒸，是应有的题中之义；可是，这只能算是"初级阶段"，他们充分利用其细腻和鲜美的特点，把鱼肉，加工成肉丝和鱼圆，做成芦蒿炒白鱼丝和荠菜鱼肉汤。绿中透白，白里蹿绿，令人感觉似乎置身于青山绿水之中，赏心悦目；尝一口，那股清新明朗的气息，扑面而来；更不用说一个"鲜"字了！

　　南乳烧肉虽然不是吴江的招牌菜，由于烧法不同于其他地方，强调酥而不烂，甜而不腻、稠而不黏，肥而不油，精而不柴，糯而不颓，深得老饕的嘉许就不奇怪了。

　　至于外埠人闻所未闻的香青菜、大头菜、银鱼摊蛋、地蒲塞肉以及好像与吴江挂不起钩来的套肠、羊杂羊血汤、八宝猪肚等等，无法尽兴展开，则需要另文介绍了。

砂锅鱼头

一提起砂锅鱼头，人们就要往天目湖的砂锅鱼头上想。到天目湖一带旅游，不吃一趟砂锅鱼头，好比闹好新房却不洞房，不知所为何来。

有个关于砂锅鱼头的故事，在天目湖一带广为流传——

天目湖原名沙河水库，盛产鳙鱼（又名花鲢，俗称胖头鱼）。沙河鳙鱼长得极为肥大，水库的职工拿它做菜。因为鱼太大了，人们就把少肉的鱼头斩下扔掉。水库的老支书徐玉根舍不得，就把鱼头捡回来煮汤，煨好的鱼头，汤浓味香。1975年，复员军人朱顺才到水库食堂当炊事员，他对天目湖的砂锅鱼头作进一步探索，居然把这道菜打造成了闻名中外的佳肴，他因此获得江苏省特级名厨的称号和其他各种荣誉、社会职务。现在天目湖宾馆门前竟有他的一座塑像，那一带的人对他为区域经济作出的贡献，给予了极高的评价，于此可见一斑。

很多人因此以为，朱顺才是砂锅鱼头之父。我可以负责地说，这是个误会。

我们知道，杭州有家王润兴酒楼（创始于 1934 年），店里悬挂一联："肚饥饭碗小，鱼美酒肠宽；问客何所好，豆腐烧鱼头。"毫无疑问，这家店的招牌菜，正是砂锅鱼头。王润兴酒楼还有一个名字——皇饭儿。这三个字，可是乾隆御笔。据说当年乾隆南巡到杭州，微服私访时遭逢大雨，就在一家人家的屋檐下躲避。可雨连绵不断，阻断归路，乾隆又饥又渴。那家人家的主人王小二用一块豆腐、半个鱼头，在砂锅里炖成鱼头豆腐汤招待他。乾隆吃后，连声说好，于是给了王小二一笔赏银，让他索性开一家专吃砂锅鱼头的店，并欣然命笔……

显然，砂锅鱼头至少在 1934 年就有，更不用说乾隆时代了。

又，笔者查袁枚《随园食单》，其中"连鱼豆腐"条曰："用大连鱼（花鲢——笔者注）煎熟，加豆腐，喷酱、水、葱、酒滚之，俟汤色半红起锅，其头味尤美。此杭州菜也。"说得清清爽爽。

可以想象，在陶烹时代，先人们用砂锅煮个鱼头什么，再正常不过。难道社会进化了那么多年，直到 1975 年人们才知道鱼头可以用砂锅煮来吃？不可能！

余生也晚，但对于砂锅鱼头，小时候倒并不陌生，上海人家几乎都做过这个菜，怎么会是朱顺才的发明？

实事求是地说，砂锅鱼头这道菜，确实在朱顺才手里进入了一个崭新的境界。或许我们可以这样说，天目湖砂锅鱼头在整个砂锅鱼头体系中是出类拔萃的，你可以认为它怎么怎么好吃，但它只是一个流派，更不能认为它就是鼻祖。世界上各种各样的鱼那么多，为什么只有花鲢的头才适合做砂锅鱼头？推想头大（占体积之三分之一），是一大原因，头大则肉多嘛，而且还都是活肉。但仅仅量化宽松不够，还要有实质性的内容，那么，质化宽松就显得尤其可贵了。据说，鱼脑中所含的营养是最全面、最丰富的，它含有一种人体所需的鱼油，富含高度不饱和脂肪酸（主要成分就是所谓的"脑黄金"）；鱼的眼球周围部分，可能含有一些人体所需的微量元素；鱼鳃下边的肉呈透明的胶状，里面富含胶原蛋白，能够对抗人体老化及修补身体细胞组织……花鲢的头，自有它的卖点。

老百姓不是傻子，他们最懂得什么鱼的头才可以做砂锅鱼头。倘若有人胆敢用凤尾鱼（烤子鱼）的头来做砂锅鱼头，那准是黄鱼头吃多了（黄鱼头，空空如也，故从前称蠢笨之人为黄鱼脑子）。自然，也没有黄鱼做的砂锅鱼头的先例传世。

我有一个观点，即历史悠久的国家，虽然受传统文化的辖制较为沉重，但其传承的最大好处，是生活经验和生存智慧比较丰富，至少对于食物的认知比较深入，比如中国人把自然界里的各种食物，从养生的角度界定为阴阳温凉等等，现在看起来，真是很有道理。再看法国人呢，他们可以把椅子、电灯分成"男女"，却不太在乎食物属性对于人的情志体质的影响，不能不说在饮食上还比较粗糙。欧美人很少有吃鱼头的，因为他们懒得在这方面花心思，甚至还在理念上有所禁忌，往往与美食失之交臂。

上海的小菜场里常常可见一种叫鸦片鱼（学名鲆）的东西。奇怪的是，我们往往看见的只是它的头，那么它的身体到哪里去了呢？我听有些老者说起，是因为鱼身不好吃，鱼头好吃的缘故。现在才知道这完全是胡说八道。其实此鱼肉质鲜美，含油脂量高，特别是我国黄海及渤海产的牙鲆，比较名贵。据说鸦片鱼的鱼身大多出口到日本做了生鱼片或罐头。或许我们普通老百姓不是很吃得起鱼身，但经过处理后，鸦片鱼头作为一道菜，名气、滋味绝不在鱼身之下，也是事实。日本人比我们更喜欢吃鱼，然而，现在看来，就餐饮上的文化和智慧来说，他们还是和咱们中国人不能相提并论。

海银兄是我的朋友，曾是一名出色的阿拉伯语专家，后移居北美。有一次，他请我吃饭，特地做了一道砂锅鱼头——"养心鱼头汤"，系用从加拿大进口的阿拉斯加大比目鱼头烹饪的汤（他冠以"哈利波特"的名称）。我向他请教："那么好吃的东西，难道北美人竟熟视无睹？"回答说："正是。"而且，"阿拉伯人也不吃鱼头。"他补充说。

有一阵子，上海滩兴起一股吃鱼头的风潮，偌大的餐馆大厅里挤挤挨挨满是汗流浃背、兴致勃勃吃着鱼头火锅的人，蔚为大观。这就是风靡一时的"谭鱼头"里的景象。外国人到此，恐怕要被吓着了！

我实在想不到来来兄也那么喜欢吃鱼头！有一次我们在九亭一家小餐馆吃饭，酒足饭饱，一桌酒菜"尚有余沥"。浪费可耻，大家谦虚地各自拣自认为好吃的菜给别人推荐、打包，唯独他老兄郑重声明：砂锅鱼头归我，其他都可割爱！我赴饭局甚夥，但把一锅砂锅鱼头打包回家的，他是第一人。

看样子，中国人确实喜欢吃鱼头，并且能吃得出它的好处来。其他国家（新加坡有咖喱鱼头，好像是个例外）的人大多不识货，也就无缘享受上苍赐予的美食。从另一个角度说，是否也是一种暴殄天物？

在上海，砂锅鱼头是一道比较风行的菜肴。

人们懂得此菜的价值，不光是居家常馔，餐馆里也是有备无患，尤其是那些以"农家"为号召者。

以砂锅鱼头而论，在江南，大概只有天目湖和千岛湖的砂锅鱼头最获青睐，其他如太湖、阳澄湖、淀山湖等都有胖头鱼什么的，都可以做成砂锅鱼头，可就是不大出名。上海人是很精明的，其他地方的他不待见，推想总有道理（可能腥味较重吧）。

一般来说，天目湖砂锅鱼头选用的胖头鱼，重量在三斤左右（一说三四公斤）为佳，用水须取自天目湖，鱼和水都必须放在宜兴产的砂锅里，这是很高很苛的要求；而千岛湖砂锅鱼头则没有这个限制，十斤，二十斤……来者不拒，水和锅也没太大的讲究。这种区别，导致了本地吃砂锅鱼头的店，千岛湖的在数量上超过了天目湖的。那么，是不是千岛湖的就不如天目湖的？难说。

从理论上说，做砂锅鱼头的鱼，越大越好。体量越大，鱼头就越大。有时鱼大，肉质变得粗糙，不是好事，但鱼头和鱼肉毕竟有别，鱼头里的胶原蛋白等等，不存在粗粝问题。

去年，有个朋友从千岛湖带回几尾胖头鱼，问我要不要。我问他："鱼大不大？"他说："大。三十斤左右。"我怕收拾不了，一口回绝。他说："鱼极好，应该大家分享。这样吧，你就拿头尾吧。"他是懂得鱼的，他的决定自然也正中我的下怀。让人感动的是，我笑纳的竟是已下过油锅的头尾。不过，那只鱼头之大，还是出乎我的臆测。最后，只得倚重内子扑刀加榔头，裁取一部分做了砂锅鱼头，其余部分斩成几包冷冻起来，算是忠实地复制了"老八路"化整为零、坚壁清野的战略战术。

体量够大的鱼做砂锅鱼头，家里难以措手，必得求诸店家，这是共识，所以市场才会有专门吃砂锅鱼头的店。有一家在《新民晚报》"好吃周刊"上一直做着广告，与那个专做乌苏里江野生鱼完全不搭界，也叫"老刘"的餐馆，开在蒲汇塘路上，以千岛湖砂锅鱼头出名，我在那里吃过一个鱼头。鱼头放在一只直径近四十五厘米的巨盆里，犹嫌如穆铁柱坐在 QQ 轿车里般的难受。鱼大好周旋，一鱼可几吃，比如鱼头烧汤，鱼尾红烧，部分鱼肉做爆鱼，部分鱼肉做鱼丸……各得其所。如此巨大的鱼头要烧出滋味，还得让精于此道的上海人服帖，确实需要一点本事。它的"核心技术"，除了来源正宗、饲养得法（筑有极大的鱼池以便随时取用），据说还仰仗了一位高人传授的"秘籍"——放一调羹秘制调料，便可"技压群芳"。这种传奇故事，姑妄听之，顾客需要关心的，是它能否让自己的味蕾为之绽放。在这点上，"老刘"确实有卖点。

传说有个呆子，听人家说多吃花鲢鱼头就会变得聪明，就天天吃，一连吃了三个月。一天，呆子突然觉得不对劲儿，便去问鱼摊老板："为什么你卖的鱼头竟然比鱼身还贵？"鱼摊老板一听，笑呵呵地拍拍他的脑袋说："看看，你不是变聪明了吗？"

别笑！像"鱼头为啥卖得比鱼身还贵"的问题，正是现在许多已经很聪明的人所纠结的。当然，你如果觉得不合算，那就去吃鱼身吧，我敢肯定阁下不会成为傻子，但同时也不会显得更聪明，至少在吃砂锅鱼头上面。

有个有趣的现象，在吃砂锅鱼头时常见。相当多的人会从鱼头里拣出一对三角形的鱼骨，用筷撩着，让它遍尝桌上菜肴

（疑似行贿），口里念念有词（许愿），然后从半空抛下。倘若它"巍然屹立"桌上，说明有戏，为之喜形于色、欢欣鼓舞者不乏其人；倘若屡战（站）屡败，则垂头丧气弃之如敝屦者有之，坚忍不拔作困兽犹斗状者有之。对此我们可不能以"博傻"视之。这只是一种游戏，很好玩的一种！是吃砂锅鱼头者该得的额外快乐。

温州鱼圆

鱼圆，也叫鱼丸，是人们最熟悉不过的常用食材。

超市的生鲜冷藏柜里有袋装的应市。年轻人喜欢吃火锅，鱼圆也是点菜单上必定勾选的菜品之一。在我国台湾的夜市小吃摊上，鱼圆是当作一种专题美食出售的，食客捧个盛着五六颗鱼圆的小碗或纸杯，撒点胡椒粉和香菜，呼呼地吹一下，大口咬嚼，显出一副"饥不择食"的馋相。日本的关东煮里，鱼圆也是主角之一，没有了鱼圆的关东煮，好比八个音符里面少了一个"8"，总觉得哪个地方不带劲儿。

我还是小孩子的时候，赶上了"文革"中时兴的"学工学农"。学农，是把养在盐水瓶里的灵芝掏出来；学工，则在菜场里做剥橡皮鱼、炸肉皮、氽鱼圆。所谓氽鱼圆，是把师傅打好的鱼肉浆，用手一抓，然后从虎口中挤出一团肉浆，用调匙一挖，形成一个圆球，下到开水里，从而完成从一条鱼到一枚鱼圆的华丽转身。至于鱼肉浆是怎么制成的，师傅是不会告诉我的；老实说，我又不开伙仓，"事不关己，高高挂起"，是没有兴趣了解的。

很久没到绍兴了。十几年前去的那次，突然发现满大街卖土产或水产的小店门口，都放着一只长圆形的塑料"脚盆"，里面净是白花花、似汤圆一样的东西。我猜是鱼圆，但到处都是，让我心里发虚——如果这些是作为点心的汤圆还说得过去，鱼圆，干吗？难道绍兴人变得"不可一日无此君"了！事实上，它就是鱼圆，只不过不像上海那样，鱼圆都放在倾斜的柜台上一个个挨着，而是在水盆里养着。这种独特的"养"法，造成了绍兴鱼圆和我们熟悉的鱼圆有着截然不同的品质：一般的鱼圆讲究紧致、弹性，有嚼劲；绍兴的鱼圆更偏重于绵柔、嫩滑，入口即化。

各地的鱼圆各具特色，但在某一点上极为统一：仿佛所有的皮球一样——都是圆的。

或许爱较真的朋友要说："你的话不对，橄榄球是圆的吗？"这倒是，我只好吃瘪。

可是，世界上的东西，不是方的，就是圆的，抑或菱形（比如三角形之类）。橄榄球虽然不是标准正圆形，好歹算是"圆族"一员。这个没错吧？

倘若把这条"公理"来观照鱼圆的话，难免要出状况，因为和绍兴相隔不远的温州，那里的鱼圆，根本不是圆的，甚至连橄榄球那样的"圆"也靠不上；更怪的是，既不方，也无角。

这算什么"圆"?!

尽管温州鱼圆实际上是带锯齿形、不规则、长条状，甚或长得就像洋快餐里的鸡米花，可温州人仍然固执地叫它鱼圆。鱼圆，还是鱼圆。

没办法，温州人就这么任性!

按照温州朋友的描述：把新鲜鮸鱼挑去骨刺，切成细条，刮成鱼茸，用酒、盐和味精腌渍，加淀粉，拌入姜丝及葱末，用手拿捏至如面团般富有弹性，显出很黏很韧，然后抓一把鱼肉，从虎口中挤出细条，以手指或筷子将它刮入沸水中，直到呈现透明，上浮，便是煮熟的标志了。食用时可根据个人喜好添加各种调料，其中米醋、葱花和胡椒粉是标配。对此不予理睬、自行其事的人，只能说是"外行"。

在温州，朋友的接风晚宴上，当地朋友毫无悬念地"请"了一大碗"鱼圆"上桌，并且大讲特讲它的好处，推许为温州第一特产、第一美食。"不过，"他略带遗憾地说，"此物最佳吃法，应是鱼圆、绉纱馄饨和敲鱼混在一起吃。"我当即表示："此法早上已领教过了。'最佳'谈不上（因为没有敲鱼参与），'次佳'倒是名副其实。"同桌的朋友无不惊讶："想不到老兄对于温州饮食，竟然如此熟稔!"我则抚掌窃笑不已。

原来，那天早上我在宾馆用餐时，照例要请厨师做一碗小馄饨（这里仅有绉纱馄饨）作为"湿点心"来配"干点心"，如煎蛋、南瓜饼之类。此时旁边蹿出一人，点名要一碗形状怪怪的"鱼圆"。"鱼圆怎么能当点心吃？"正当我疑惑不解之际，厨师就问我："要不也加点这个？"他似乎很有把握我会说"行"。当然，我没有理由拒绝——在饮食上，厨师的意见总是对的，尽管我对于那样的搭配感到莫名其妙。

现在，我真正懂了：怪不得早上厨师会那么热情地给我推荐馄饨鱼圆，原来温州人就有这个规矩。

外埠有所不知的是，做温州鱼圆的鱼肉，取自于一种叫鮸鱼的鱼。

鮸（音免），在温州人的嘴里，读作"米"，当然他们是用"温州普通话"念的。是不是他们念错了？没有。他们念的是我们以为错而实际是一回事的两种不同称呼的鱼——鮸鱼和米鱼。几乎所有温州人都知道温州鱼圆要用这种鱼来做，因为那里几乎家家户户曾经或者如今都要做，并且都会做鱼圆。

鮸鱼，看上去像鲈鱼。既然像鲈鱼，又被用来做鱼圆，可知鮸鱼身上的小刺应该不会很多，可利用的鱼肉当然也比一般的鱼来得多。据说从前温州人做鱼圆，是不用鮸鱼而用黄鱼，至于风行的时间，我推测大概在二十世纪五六十年代。其时正是黄鱼数量最多、价格最廉的。今非昔比，改用与黄鱼同科、产量又大的鮸鱼，不失为明智之举。温州鱼圆似乎从来也没走出瓯江方圆几百公里之外的地区，温州人品尝海鲜的能力是大大超过远离渔场的人，就凭这两点，难道他们会委屈自己退而求其次？想都别想！到温州人家做客，主人跟你聊到的话题，频率最高的，还是怎样做鱼圆，怎样吃鱼圆。

尽管乐清为温州代管的一个县，但在鱼圆这个问题上，乐清人并不把自己看作温州人，而是当仁不让地把乐清看作是鱼圆的发明和原产地。

好几年前，我在乐清旅行时，因为宾馆的早餐很有限，主人特地叫了一个开饭店的朋友一大清早地提了几个打包盒送来当地小吃——鱼丸（当地人究竟怎么称呼，我已忘了，好像另有叫法），请我们一行品尝。我隐约记得其形状好像更细长一点，棱棱角角不如温州鱼圆多，仿佛弯弯曲曲的粗面条。他们告诉我：这就是乐清特有的小吃。

最明显的例子，是关于鱼圆的一些传说，就是发生在乐清地界。这些"传说"是不是乐清人构思的，我吃不准，不过它们好像坐实了乐清才是那种特别的鱼圆的发祥地——

其一：早期乐清黄花一带，米贵鱼贱，渔民在海上作业时吃的三餐都是以鱼当饭，如带鱼饭是用少量的米与带鱼共煮，鱼饭熟时把带鱼捞起用筷子把带鱼肉刮下，加入食盐、猪油，拌匀就可以吃了。

其二：民国初年，有一位乐清黄花人，名叫吴阿林，在温州城信河街木杓巷口开了一间卖鱼丸汤的店铺。他做的鱼丸价钱便宜，味道好，生意兴隆，人称"鱼丸林"。后来鱼丸汤就在城底流传开了，成为一道著名的温州小吃。

有根有据。

当然，温州人也不含糊，他们拿出的证据是——

其一：一千多年前温州城墙建成后，京城来了一批大官员，一是办公差，二是祝贺建城完工。当时，官府为了招待好这批官员，特请一位有名厨师来做菜。厨师经多方打听，得知官客喜欢吃清淡带汤的鱼菜。于是，厨师先将马鲛中段连骨带皮切成厚片，然后加入姜、酒、盐渍味，再放入"白山粉"（白淀粉）拌均匀。锅中水沸时，用手将鱼片一片一片放入滚水中，待鱼片浮起后加米醋等，制成微带酸辣味的鱼汤菜。官客们吃后个个都赞不绝口，鱼圆受到一致好评。于是官客就问这道菜名叫什么，厨师匆忙之间一时说不出好的菜名，想到用刀切成的鱼片是圆片形的，就急中生智说是"鱼圆"。

几年后，又来了一位老年官员，厨师知道他也欢喜这道鱼菜，稍稍改进了制作方法，将鱼骨去掉，用刀切成一条一条鱼肉。"鱼圆"形状变了，厨师想再另取菜名，可是府内很多人说"鱼圆"这个菜名已经传到民间和京城，还是沿用原名好。所以至今很多店招牌上仍然写着"鱼圆"的名称，却很少人知道最初"鱼圆"的形状是圆片形的。

其二：很早以前，把鱼肉切成条状加入食盐、生姜碎、葱白末和生粉拌匀放入锅里煮熟当饭吃，已成为渔民在船上吃的一大主食，称为"鱼船汤"。因为温州方言中，船丸同音，所以，"鱼船汤"就被讹传成了"鱼丸汤"。

有鼻有脸。

这种独特的鱼圆，其原产地归属权，无论温州也好乐清也罢，对外地人来说，意义不很大。人们只需心中有数：那里的鱼圆不是菜肴而是小吃；如用一个字来概括其特点，那就是——鲜。

咸鸡慈姑肉

朋友雅集，东拉西扯。一向对饮食不大有兴趣的继平兄忽然问："现在哪里还有吃宁波菜?"在座者一时闷住，连美食家嘉禄兄也挠起了头皮。这个问题要在前几年，老早有人接荏回答，比如人民广场东首的甬江状元楼啦，比如曹家渡"五角场"的沪西状元楼啦……难不倒也。现在，这些著名的甬菜馆都被市政建设"改"掉了，不知所踪；更有可能的是偃旗息鼓，关门大吉。好在我住在沪西古北一带，还说得出那里有一家专吃宁波菜的"状元楼"，总算没交白卷。

其实，不打甬菜（宁波简称甬）旗号但富有甬菜特色的菜馆，在本市还很有点"版图"，比如曹家渡地区的彩虹坊、淮海西路上的汉通等等。它们不刻意标举"甬菜"，想来只是为了"普适"，以便更好地拉动内需。有着精明头脑的宁波人，是很懂得生意经的。

不过，我倒以为此举未必高明。从前，宁波人在上海极有势力，不光人数众多，更兼生意成功，若干年前，在西藏路上，夹在中百公司和大上海电影院之间有幢伟岸的西式洋楼（曾做过申花俱乐部），原本是宁波同乡会的旧址，可见其气象之恢宏。即使现在，甬籍人士的同乡会依旧香火旺盛。有个朋友给我看过一本厚厚的宁波同乡会花名册，颇有些我的要好朋友赫然在内。也就是说，即使专做宁波人及他们戚属的生意的话，就已经可以赚翻了，更不要说他们带来的朋友和喜欢尝新的食客了。

宁波菜虽然无法归属于"八大菜系"，但就其在上海餐饮界的认知度而言，绝对在"八大"之列。如果宁（宁波）绍（绍兴）合流，恐怕湘帮都不能与之相提并论呢！

说起宁波菜，恰有一俗一雅两个掌故可以消遣。诚然，俗者，知之者多；雅者，知之者少。

传说有个异乡人某公到家在宁波的一个朋友家做客。朋友与之友善，硬要留饭，并自谦地说准备不够充分，开列的小菜仅是："咸鸡慈姑肉，蛋蛋蛋，鱼过过。小菜呒够，饭要吃饱。"某公一听，心想，朋友礼数周到，明明咸鸡、慈姑、肉、蛋、鱼、饭一应俱全，还说不够多，真有他的。后来朋友送上一碗饭一碟咸菜就再无下文了。等了好长时间，不见其他菜肴上桌，某公忍不住询问原委。朋友一脸茫然，解释说："没有了，就这个菜呀！"原来，用宁波方言读出的"咸鸡慈姑肉，蛋蛋蛋，鱼过过。小菜呒够，饭要吃饱"，其实意思非常简单——咸菜（宁波人读作咸齑）自己捏（腌），淡呱呱（淡不拉叽），呒（没啥小菜）下饭。小菜虽少，但饭要吃饱啊。一、二、三、四、五，五个菜实际上指的就一个菜——咸菜。

这个比较世俗的笑话，拿宁波人小小地开涮了一下。给人留下的印象是：宁波人在饮食上，比较节俭，而且吃得相当咸。

另一个传说是：以前在宁波江北有家小酒店，掌柜以烹调冰糖甲鱼著称。一天，两位途经此地赴京赶考的举人，在这家酒店打尖。伙计上前招呼："相公欲尝何菜？"两位举人都是"富二代"，便说："凡是名菜，俱上即可。"于是，一道道名菜相继出炉。两位举人见最后端上来的冰糖甲鱼，鳌头上翘，晶莹剔透，滋味绝佳，便问掌柜："此菜何名？"那掌柜见两位疑似赶考的士子，灵机一动，随口送出一个口彩："此乃'独占鳌头'也！"两位举人听了，尽欢而去。待到秋季揭榜，其中一位果然中了状元。衣锦还乡，春风得意，他特地重返这家小酒店，独点那道"独占鳌头"，并为酒店题写了"状元楼"三个大字。从此，状元楼名噪遐迩。缘于此，状元楼成为甬菜的翘楚，也成为了甬菜馆的代名词。

这个文雅的故事，也给出了甬菜的两个关键词：状元楼，冰糖甲鱼。

两则掌故，各自给甬菜下了定义，却又形成了相当大的反差。

宁波菜以"鲜、咸、臭"为特色。显然，这种特色是由它的地理位置决定的。宁波濒海，鲜、咸乃是天成的，至于臭，也是出于延长食物保存期的需要——渔民出海，收获的水产以及随行的蔬菜、肉类，都得经过一些特殊处理（腌制），才能避免腐烂变质，安全食用。

我对于宁波菜，原先有两个问题百思不得其解，其一，中国海岸线漫长，靠海吃海，非宁波人专擅，何以宁波人吃得那么"鲜、咸、臭"，而其他人却不那样？其二，既然宁波人以"鲜、咸、臭"为"己任"，何以那么追捧与宁波菜的"基本原则"完全不搭调的"冰糖甲鱼"？后来豁然开朗，试着别解为：宁波固然吐纳腥风，更兼多山，除山珍海味外，其实出产颇俭。它不像地处平原的江南其他地方那样出产丰饶，所以连蔬菜甚至粮食也要加工成耐藏便携的腌菜、年糕等等；另，宁波人善于经商，精于物流，所以要把土产变为便于流通的商品，而其他一些沿海地方的人，大都少有商业头脑，当然懒得作深层加工的考虑。此其一。宁波人嗜咸好臭不假，但例外总是有的，冰糖甲鱼就是，好比不爱甜食的东北人喜欢吃拔丝苹果、喜欢甜食的苏州人竟然爱吃雪里蕻烧鳜鱼汤一样。或许，这种吃口上的反差，是一种平衡和调节，恰好说明宁波人对于饮食传统比较执著的事实。此其二。

以上是我的自说自话，正确与否，期待高明正之。

上海滑稽界老前辈杨华生表演独脚戏《宁波空城计》，原本唱得好好的"三国"戏文，大概由于用的是石刮铁硬的宁波乡音，不觉勾起了食欲，竟然串到宁波小菜上，什么"小黄鱼大黄鱼龙头烤黄泥螺咸菜梗臭冬瓜……"一派流水账。他当然要拣最能体现宁波特色的小菜来调侃，殊不知就此误导了不明就里的听众，以为这些就是宁波人的看家菜！其实，宁波菜自成体统，除了那些让人"开怀"的低端小菜，完全拿得出压得住阵脚的"大菜"，比如十大名菜：冰糖甲鱼、锅烧河鳗、腐皮包黄鱼、苔菜小方烤、火臆金鸡、荷叶粉蒸肉、彩熘全黄鱼、网油包鹅肝、黄鱼鱼肚、苔菜拖黄鱼。每一道，都能勾引食者的馋虫呢。

苏青在《谈宁波人的吃》中说得最为中肯："我觉得宁波小菜的特色，便是'不失其味'，鱼是鱼，肉是肉，不像广东人、苏州人般，随便炒只什么小菜都要配上七八种帮头，糖啦醋啦，料理又放得多，结果吃起来鱼不像鱼，肉不像肉。又不论肉片、牛肉片、鸡片统统要拌菱粉，吃起来滑腻腻的，哪里还分辨得出什么味道？"怎么才能做到"鱼是鱼，肉是肉"呢？那就非得蒸、烤、炖等不可，而这些正是宁波菜不可或缺的"技术支持"。

毋庸讳言，烹调简单，一方面带来的是色味的单纯，另一方面也可能导致色味的单调。

我小时候，曾有一段时间寄住在姨妈家，得以亲炙宁波风味。姨妈本是地道的上海人，因为嫁给了宁波人，又受婆婆的调教，在我们眼里变得比宁波人还宁波人。在我的记忆中，那些宁波人的标志性"下饭"（又称压饭榔头），像臭冬瓜、龙头烤、米苋梗之类极少上桌，雪菜鲜笋、咸菜大汤黄鱼、海蜇头、毛豆臭豆腐、风鳗、咸鲞、蟹糊、梭子蟹等倒确实是常馔。而龙头烤、米苋梗还是前几年在绍兴风味的饭店里吃到的，臭冬瓜则迄未领教。这些年来，甲鱼吃过不少，用冰糖煨的，始终没有机会品尝，可以说，我仍然是宁波菜的"门外汉"。

我对于宁波人印象最深的，是他们的"小气"：餐具都是小小浅浅的，无论大碗还是小碗，口径都要比上海人的小一圈；而且宁波人盛的菜，永远不会像上海人那样把菜堆出碗口，而总在碗口之下一厘米处……吓得前来吃饭的客人不敢下箸。我曾经希望父母作出解释，但他们也说不出个所以然来，因为姨妈实在是个很大气的人，对不上号啊。等到长大并对宁波人有了一定的了解后，我终于悟道：宁波人吃得咸，若餐具和菜量跟山东人似的求大务多，显然是失当的。宁波人善于理财，由此可见一斑。

不错，咸腐乳咸酱瓜通常都是用小碟小瓶盛出，有谁见过是用大砂锅盛的？

宁波人不小气！我在想。即使他们在"下饭"上确实表现出了一点"小气"，可人家在生意上却以大手笔大气魄著称的。如果有人在吃的方面大手大脚，生意场上则显得小家子气十足，相比之下，你还会以为宁波人那么不可理喻吗？

"亨格浪头"霉干菜

久不通问的一个小亲戚，从老家绍兴来上海看世博会，顺便看我，带来我喜欢吃的咸甜烧饼，以及一大袋霉干菜（显然是她父母的意思）。"以及"之谓，说明这两种土产对于我来说是分出了层次。扬此抑彼，谁都看得出来。

世道不同了，人的口味也在变，我小时候很喜欢吃咸甜烧饼，如今一尝，以为不过如此；倒是从前不太喜欢吃的霉干菜，现在倒颇有点馋痨。

大概年齿陡长，心也有点老了。

见到正宗来自"亨格浪头"（绍兴方言，意为那里。上海称亨格浪头，实际上即指绍兴或绍兴人）的霉干菜，太太很是高兴。我只是觉得好笑，趁机稍稍"鄙视"了她一下：又不是上海买不到，人家不嫌麻烦捎来，表表心意而已。太太马上严肃地教育我：你不懂，这样的霉干菜，上海哪里有卖？看看里面掺着的笋干那么多，就知道绝对是好东西。

我哑然。因为她是"一线人物"（战斗在买、汰、烧的最前端），资质比我高得多，话语权也大。

霉干菜是什么东西做的？这是许多像我这样好吃懒做的人希望知道的。说起来，它还是一种"深加工"产品：用细叶或阔叶雪里蕻或芥菜，放在盆里盐渍，用手搓揉，待其菜汁渗出，便置于缸里，码一层撒一层盐，然后用竹笋壳等将缸口封严，使之发酵。取出，晒干。以每三五株为一攒，绞成双股，再装入瓦坛，压上重器，便成就了大大有名的霉干菜。

霉干菜的好坏，取决于材质和加工的优劣。一般外面买的霉干菜，洗后盆里会留下一大摊泥沙，基本可以判定为"劣"（我们得到的则正相反，应当说是佳品）。如果我们吃到了不太满意的霉干菜，一般总是在这两个方面出了问题，当然，除非烹调者完全不知道霉干菜的惯常烧法。

近人金汤侯在《越中便览》中说："霉干菜有芥菜干、油菜干、白菜干之别。芥菜味鲜，油菜性平，白菜质嫩，用以烹鸭、烧肉别有风味，绍兴居民十九自制。"说明从前绍兴人做霉干菜，好比萧山人做萝卜干、宣威人做火腿，寻常事耳，但各有各的门槛，品质各异。

孙伏园《绍兴东西》一文说："解剖起来，所谓绍兴东西（菜肴）有三种特性，第一是干食，第二是腐食，第三是蒸食。"说到了点子上。不幸的是，霉干菜将这"三者"全覆盖，所以不愧为绍菜的典型。

霉干菜曾是绍兴的"八大贡品"之一，以前由绍兴知府和山阴县监制，每年产量不过千把斤，菜坛上加盖黄封，专人运往京城。不过我在想，口味和操作都偏于"北派"的御厨和皇帝，是否能得其髓、知其味？因为霉干菜是一种非常需要放在嘴里细嚼慢品的菜肴，那些人有没有这个"情调"？另外，霉干菜烧肉之类，一定要反复蒸（一说十五次到二十次）才到位，那就很考验人的耐心。我们吃霉干菜烧肉，总要蒸一大碗或一砂锅，决不可能一下子吃完，这样才好：吃吃蒸蒸，蒸蒸吃吃，越蒸越黑，越蒸越软，越蒸越香，肉味和菜味充分渗透，乃臻佳境。那些人恐怕是接受不了的。

当年美国总统尼克松游杭州，浙江方面希望招待宴会能体现浙江特色，便命下辖地区各贡献一道名菜。绍兴最有地方特色的当属"霉千张"（霉百页），也许太"生猛"太"暴力"了，不仅中国国家安全部门不能同意，美国 FBI 也肯定不会答应。最后绍兴交出的"作业"自然是霉干菜烧肉。想不到总统竟连声叫好。

真是出奇制胜！我猜想，这里边一定有周恩来总理"暗箱操作"的成分，毕竟，这道菜过于"民间"，没有高人指点，谁敢"僭越"，有此非分之想？

周总理籍隶绍兴，喜欢吃这道家乡菜，太正常了。他多次向别人推荐这道名菜。有一次他视察南方，请随行人员品尝霉干菜烧肉。其间，他发现，自己桌上"菜少肉多"，而随行人员桌上则"菜多肉少"，便批评服务员"一碗水没端平"，一时传为佳话。可话要说回来。我估计那位服务员业务水平不太高，完全不懂霉干菜烧肉的精彩之处，正在霉干菜之中。他也不想想，总理对于肉的兴趣难道还会高于霉干菜？

有些人以为，霉干菜烧肉当作霉干菜蒸肉。这是不对的。这道菜要做得好，霉干菜、肉都需要分别入油锅烧，然后合在一起蒸（绍兴人在烧饭的同时，将霉干菜和肉放在烧饭的笼屉里与米饭同蒸），滋味极好。

霉干菜不仅仅用于"烧肉"，烧虾，也是如今的一道时尚菜。杭州知味馆有一道看家菜——干菜鸭子，极为有名，但做法怪异：把霉干菜、鸭子和其他调料用塑料保鲜纸包好，隔水焖蒸，毕，上桌，打开，切开，香气满室。

上海的馒头店中，干菜包子价格总要高于普通蔬菜包子几毛钱。从中亦可说明，霉干菜难得，确实有些身价，故使人情愿"触霉头"也要将其纳入口中。

安昌香肠

在台湾，忍不住惊奇地要叫出声来的是，看见了卖"绍兴香肠"的店招和广告。

有没有搞错？

当地的朋友说，没错，就是绍兴香肠。

看那绍兴香肠，倒是和广东香肠不太一样，粗，圆，长，光（表面没有坑坑洼洼的不平整），其实说起来，就是大陆都市地铁出入口卖的台湾香肠。

作为绍兴人的后裔，我高兴啊："老家的香肠居然跋山涉水打进台湾来了都，不容易！"转而一想：不对啊，以前绍兴的街市上从没见过有所谓的"绍兴香肠"出售，老家来人带的土产除了黄酒、干菜、香糕、香榧子、椒盐烧饼之类，向无"绍兴香肠"的踪影，那台湾的"绍兴香肠"又从何而来呢？

久不去绍兴玩了，也许……

为了不至于被人讥嘲为"信口开河"之徒，我决定作些调查。先向父祖辈的老人家请教，他们却露出了茫然的神色；再向祖籍绍兴的同事打听，结果也是一问三不知；三向熟悉绍兴风土的朋友征询，摇头的竟占了百分百。

不甘心，后来又去查阅一大本的《舌尖上的越文化》（海南出版公司），林林总总一百多个绍兴菜，名声在外的绍兴香肠竟然缺席！

嗬，神了。难道台湾的"绍兴香肠"是凭空而来的吗？机缘凑巧，有一次碰到一位极熟的朋友，尽管我知道他十几年前就从杭州移民到了上海，但怀着侥幸的心态，想象着杭州离绍兴近，也许他"掌故颇为熟悉"（鲁迅《藤野先生》句），便问起这事。他说自己的老家倒是绍兴，在柯桥还有待动迁的房子，但对"绍兴香肠"却是不熟。我正失望中，他突然对我说："哎，你看过《舌尖上的中国》吗？"我告诉他："看过几集，但没看全。"他说他记得其中有一集讲到绍兴香肠，不过不是这个名称，而叫安昌香肠。他还告诉我，自从看了这部纪录片，他知道了安昌这个地方；后来问起住在绍兴柯桥几十年的老母亲，他老母亲居然不知道"安昌"这个地方，当然也从来没有去过！

安昌就在柯桥隔壁呢，可见大家对于这个地方有多少隔膜！

我们约定，以后有机会去绍兴，一定去安昌。

年前的一天，那位朋友突然问我：我要去老家把动迁置换的房子租掉，咱们结伴而行如何？我没加考虑就答应了。这回，我们商量：可以不看山不看水，不去百草园不去青藤书屋，安昌一定得到一到。

安昌古镇，说它古，是因为已经有一千多年了，北宋时建的镇。绍兴有四大古镇——斗门、安昌、东浦、柯桥，安昌占了一席。这个并非"众所周知"的江南小镇，曾经辉煌过，现在仍然辉煌着。相传大禹就是在安昌镇东涂山娶妻成家的。公元 896 年，钱镠奉唐王朝之命屯兵该地，平董昌之乱，因而命名其为安昌。几百年来，安昌一直是越北大市重镇，棉、布、米的集散地，商业发达。资料显示，抗战前夕，安昌竟有商号 933 家，是除绍兴城区之外市集最多最大的地方。所以，它能成为浙江省第一批公布的历史文化名镇，毫无愧色。如今，它的社会经济综合实力，排在浙江省百强乡镇的前列。须知浙江的乡镇综合实力，本来就非常了得，安昌名列前茅，也就意味着它在全国也是可数的。

安昌还有一个只要一提起，人们就悠然心会的"文化现象"——绍兴师爷的大本营。有道是，"天下师爷出绍兴"，还可添加一句："绍兴师爷出安昌。"两百年间，安昌出了一万个师爷，简直是个奇观，坐实了"无绍不成衙"的传说。

尽管如此，人们对于安昌，印象相当模糊——安昌太低调啦。

和江南大多数的小镇相同，它有一条长达 1747 米的老街依河而建，足以显示年轮的石板路的一侧，是老旧的店铺作坊；

另一侧，自然是潺潺的小河，以及上面形态各异的拱桥、石梁、亭子，"碧水贯街千万居，彩虹跨河十七桥"，是人们对安昌的美誉。

如果不是事先做了点功课，别人跟你说这里是柯桥，是东浦，甚至是苏锡常的某个不为人知的小镇，无法不信，因为一切都如我们熟识的小镇那么中规中矩。古镇的设计，与其说是相互抄袭或英雄所见略同，不如说是人的生活状态要求以这样的环境范式来对应。

只有真正进入到古镇的核心区域，我们才能体味到这里与别处小镇的不同：靠近河埠头的道路，被一溜的桌椅占领，形成了标准的路边摊，或许因为这条老街太小了，空间必须得到最大限度的利用，人们行走其间，颇有走在一座大宅子里的感觉；没有什么天南地北都一样且做工粗糙的所谓旅游纪念品卖；也没有操着外乡口音的拉生意者；窄窄的人行道两边都是店铺，卖的东西就几样：香肠、酱鸭、干菜，以及据说是特产的扯白糖。而其中，尤以香肠最为引人关注。

无法拒绝安昌香肠对你的视觉冲击：满眼都是香肠。如果想要给长廊临河一侧安上一块块门板，来防止游人不慎失足掉下河里去的话，不用那么费劲，仅靠晾晒在廊檐下的那一串串香肠形成的巨幅"香肠帘子"来阻挡，就绰绰有余。有一个词可形容那些正在晾晒的香肠，那就是——壮观。

安昌香肠，跟广东香肠或其他地方的香肠最大的区别，是，黑而精。黑，是灌肠时用了太多的酱油，被太阳一晒，发黑了；精，是选料偏重精肉，白花花的成分（肥肉）相对较少（广式香肠肥瘦相间，与此异趣）。由于肥肉少，被酱油渗透入里的精肉愈发显得黑。

用酱油来调色，在香肠制作上并非安昌一枝独秀，但把香肠"酱"得那么黑，绝不多见。其中的原因，是它必须把酱油用到极致。

据说安昌香肠的专用酱油，由当地的仁昌酱园生产。这个酱园创建于清光绪十八年，距今已有一百多年的历史。酱油在安昌香肠里所起的作用是举足轻重的。众所周知，绍兴以"三只缸"（酒缸、染缸、酱缸）闻名于世。高品质的绍兴酱油在肉肠中不仅有调色、调味作用，还能增加鲜味，更会产生一种好闻的酱香味。倘如选用不够地道、质量欠佳的酱油，经曝晒风吹，难免有股臭烘烘的气息。另外，安昌香肠之所以比较牛逼，当地老乡会很自豪地告诉你：我们用的猪肉，是久享盛誉的绍兴土猪。当然，有一点老乡常常想不起来或来不及告诉顾客的是，安昌香肠系用手工做成。手工的和机制的有何分别？据说手工做的香肠外表看上去坑坑洼洼，而机制的光滑饱满。刚做好的香肠若过分光滑饱满，阳光照晒就不会充分，香味难以入里，手工的则正好避免了这个缺陷。还有，门槛精的吃客都明白，机制的，其肉被机器绞杀，弄得碎屑不堪（仿若肉糜），肉香湮灭（有的还掺入面粉）；而手工的，肉被一块一块切下填充，嚼劲足，原汁原味。这就是安昌香肠的好处。

但凡地方风味，要做出名气，首先是有特点，其次是质量好，接下来要讲得出故事。安昌这个地方不缺历史，更不缺笔杆子，所以对于看家的香肠，还能"有案可稽"。说是当年（南宋）的倒霉皇帝赵构被金兵逼得逃到绍兴，在安昌休息。地方官前来觐见，并呈上当地的特产请他品尝。赵构一看，就有些皱眉头，心想，这东西黑黝黝的像浸过墨汁，便没好气地问道："究竟是啥玩意儿？"地方官赔着小心说："这是镇上的乡绅献给皇上的黑肠。"赵构吃过旧都开封的蒜肠，以为天下第一，如今碰着面目丑陋的安昌香肠，便有些轻蔑，但又不便驳了地方官的面子，勉强吃了一片。这一吃不得了，收不住了，龙颜大喜，连声说好。后来，勤王的部队赶到，驱逐金兵。班师回到临安，赵构吃饭的时候没味道，不觉想起美味的安昌香肠，便传旨绍兴知府，将安昌香肠定为贡品。这就好比"庆丰包子"的命运，安昌香肠的名气一下子大了起来。

安昌香肠在当地叫做"思乡菜"，因为旧时安昌人外出做官、做师爷、做生意的人特别多，他们常常带着家乡的香肠浪迹天涯，一来权作"下饭"；二来以寄思乡。

刚刚进入安昌老街，你完全可能不知所措，家家户户在卖香肠，门前摊着香肠，檐下挂着香肠，嘴里吆喝着香肠，手里包扎着香肠。有的人家自创一个品牌，有的人家没有任何标记；有的人家用真空包装，有的人家用只塑料袋随便套着；有的人家有两三个品种，有的人家"仅此一款"；有的人家只卖香肠，有的人家兼卖其他土产……一个朋友刚看了两家，就要掏钱，被我阻拦：那么长的老街，一眼望去都是做香肠生意的，着什么急？如果看中了，记在心里，返回时再买也不迟，反正来回一条道。但我很快发现，东看西望，询南问北，是毫无意义的，一来，安昌人脾气有点倔，讨价还价的活儿坚决不干；一来，我们像煞有介事地挑挑拣拣，其实都在做无用功——根本不懂什么是好、什么是坏。还有一点是我后来知道的：安昌香肠的味道、质量等，差不多。

走了一半的路，我被一家箍桶店门口的木盆木桶吸引，停下来看，赞扬师傅的手艺精湛。与箍桶师傅作别时，我有感于这里香肠太多，让人眼花缭乱，无从下手，便向师傅请教哪家算是比较好。那师傅悄悄告诉我："再往前走一段，看见门口堆着米袋、有个人眼睛有点坏的那家，用的料好。"

心里有谱，脚头轻快，很快走到那家门口。我看到了门口的米袋，哦，这个对；再看那个正在卖香肠的人，眼睛虽然有点怪——眼白多了一点，但还不到"坏"的程度……我转身跟朋友刚说了半句"眼睛好像不坏嘛……"，那个人接着我的话茬，亮着嗓门对我说："那是我儿子!"哈哈，真是好笑。现在回想起来，我怀疑，那个箍桶师傅可能是此家香肠店的亲戚或朋友，估计在我之前，已有好多人已经盯着"两个标志"——米袋和眼睛，"投奔而去"。不过，我可以负责任地说，有着"两个标志"的作坊生产的香肠，不错。我也有两个依据：一是，他把做香肠的过程包括用的材料，全部展现在你的眼前，而能够这样做的，整条街不超过三家；二是，我跟他说："人家都用真空包装，你怎不用?"他显得不耐烦地说："一真空，你还怎么知道里面的材料是好是坏?"醍醐灌顶，绝对! 就冲着这句话，买了!

把安昌香肠斜着切片，再加些葱、姜、酒，或按个人口味喜好加各种调料均可，隔水蒸，堪比火腿，下酒佐餐当零食，没有不合适的。用广式香肠这样干，绝对没这境界。

买回的安昌香肠要及时冷冻起来，否则其表面难免出现白花花的东西，可能是没充分风干而使盐分析出，也有可能遇潮霉变。霉变当然令人沮丧，转过来想一想，人家可是没掺防腐剂的哟。

现在，我们可以信心满满地说，台湾的绍兴香肠确实是有来由的，而且，里面还盛满了浓浓的乡情。

乐清米塑

现在看起来，泥人这样东西，虽然让人觉得艺人的手上功夫了得，但要说神奇，应该稍微淡化一点了。泥塑所用的材料，非常支持其操作的便利，而有的民间艺人用面、用糖等照样做出那种栩栩如生的效果。比如，面人（面塑），即是以面粉、糯米粉为主要原料，制成柔软的各色面团来塑造各种形象；又比如，糖人（糖塑），即是以熬化的蔗糖或麦芽糖为材料，做成人物、动物、花草等，它们所用材料、技术要求，相对泥塑，较为困难。

在商言商，就吃论吃。馋痨胚的眼里，好吃总比好看重要。既好看又好吃的，当然求之不得。所以，面人、糖人要比泥人更带劲，更具传奇色彩。

我以前表达过这样的意思：当食材的属性被异化为观赏性大于食用性了，那么它只是工艺品而不是食品。从这个角度看，泥人和食物八竿子打不到一块儿去；面人和食物渐行渐远；糖人和食物若即若离。有人会说，素食算不算（素食通常确实十分讲究仿真效果)？素食里的做工，我以为其为像形而像形的分量太大，有些添加的食材只是为了看，吃不了，或没法吃，或难吃。

那么，有没有一种吃食，完全能吃（不是一般的品尝而是果腹），且具相当的观赏性，外加必须纯粹手工制作成各种形象的呢？

原先我以为很缥缈，如今，豁然开朗：有。它，就是米塑。

什么是米塑？难道是用米粒雕塑的？是，也不是，准确地说，它以米舂打成的年糕作为材料来塑造各种形象。

前些时候，路过浙江乐清，听说乐清有两样极富艺术内涵的手工技艺，名气很大，便被"套牢"，羁留了下来。那两样东西是：黄杨木雕和米塑。黄杨木雕，小时候就知道，见过；米塑，长那么大还不明白，没见过。因此，我更属意于米塑。

乐清市位于浙江省东南部，是十分著名的"中国民间文化艺术之乡"。和浙东的宁绍地区相似，乐清的年糕文化特别发达。这是由它的地缘文化所决定的，其稻作文明历史悠久、深厚。众所周知，宁波人规矩大，乐清人的规矩恐怕也小不了，举个例子说，那里建房、分家、迁居、做寿、生日、出嫁、得子、求雨等等，都要举行一定的仪式，而其中糕团便担当了重要角色。

糕团在江南很有市场，为什么乐清偏偏会成为"米塑"之乡？我臆断，黄杨木雕和米塑，存在某种依存联系，这就好比篆与刻，裁与缝的关系一样。篆刻家之所以多为书法家，就是这个道理。

乐清西大街，有一家"郑松林糖糕店"，共四个门面，从规模上说，算很大了。店里卖松糕、登糕、对周麻糍、寿桃等。店主郑松林，年近七十岁，身材魁伟，神完气足，正专心致志地在做着米塑。旁边，他的妻子和女儿，也一丝不苟地工作着。

郑师傅用难懂的乐清话跟我交谈。郑家一家三代都做米塑生意，如果你问起乐清米塑的历史有多长，郑师傅会毫不迟疑地告诉你：乐清米塑的历史，大致就是我家从事米塑的历史，至少已有百年了。要说米塑和黄杨木雕的关系，在他女儿小红身上体现得最为充分。她是乐清著名的黄杨木雕高手，闲时，她和妹妹就到父亲的糖糕店帮工。这家人的米塑工艺水平之高，外行人也能想象。一般情况下，全家人，再加上几个雇员，足以对付生意上的需求；逢年过节的时候，生意起了蓬头，非得再雇几个临时工不可。

我对乐清这个小城居然有那么大的米塑市场心存疑虑。郑师傅则信心满满：因为乐清人对于"四季八节"极其重视。所谓四季，春夏秋冬是也。所谓八节，有两个类型，一个叫年历八节：立春、春分、立夏、夏至、立秋、秋分、立冬、冬至；一个叫风俗八节：春节、元宵、清明、端午节、中元节、中秋节、重阳、冬节。除去重叠的，"八节"实际上有十几个节点。加上建房、分家、迁居、做寿、生日等等，年均数量可观；再包括日常消费，生意有得做了。当地有首歌谣唱道："松糕松糕高又高，我请阿婆吃松糕。松糕厚，送娘舅；松糕薄，没棱角；松糕实，迎大佛；松糕松，送舅公；松糕烫，务好藏；松糕冷，务好打；松糕烂，送阿大；松糕燥，拜镬灶；松糕粉，送阿姆……"这样一算，所需米塑的数量惊人，怪不得郑师傅除盘下的四个门面，最近又买下了马路对面的一个门面。

看郑家做米塑，就像观赏一个高明的黄杨木雕艺人在创作。我定睛看着郑师傅做一种叫抛梁馒头的糕点。他在一块圆锥形的年糕上贴上几条红、蓝、绿、黄等细条（系用食用色素染制），我不过是和边上的人说了一句话工夫，回过头去，一只米塑就做成了。只见那块宝塔形的年糕馒头，从底座到塔尖，盘满了一丝丝的条纹，五颜六色，活脱一道道彩虹。郑师傅落手太快了，我只能怨自己反应迟钝，便请他再演示了一遍。此时，郑师傅正在赶做一百个抛梁馒头，人家要上梁，预订的。这一单，他可进账五百元。

在乐清，那些表示吉祥的象征物，一般都是米塑制品。郑家糖糕店门口的一张大木板上，摆满了狮子、大象、白兔、金鱼、喜鹊、奔马、公鸡、老虎、斗牛、飞龙、凤凰、鸳鸯和桃子等各种动植物的米塑作品，五彩斑斓，琳琅满目，热闹非凡，美不胜收。如果有所准备的话，我相信他们将无所不能，无所不用其极，即使是做一艘中国航母平台也不在话下。更重要的是："那些东西买回去后，放在笼屉里一蒸就可以吃，味道很好。"郑师傅显得很自信。

见识了乐清的米塑，我对"美食在民间"的说法深有感触，同时对于上海糕团制作的漫不经心，深表遗憾和失望。如果因此而被骂做"卖沪贼"（非"卖国"也），我也是在所不惜的。

八宝辣酱

有人在微信上晒"八宝辣酱",引起我极大的兴趣。

先说一件在现在简直不可能实现的事情。

十几年前,张苏华兄根据自己的职业特点,编了一部菜谱。这部书的最大看点,是每道名菜的菜名都由著名书画家书写,比如王蘧常、谢稚柳、唐云、刘旦宅、陈佩秋、钱君匋、韩天衡等。这个"豪举",放在今天,绝对让人"惊艳""浩叹"。

"八宝辣酱"是谁写的呢?大名鼎鼎的红学家邓云乡先生也。邓先生真的对此菜情有独钟?我不大知道(他非上海土著),至少他觉得有点意思,故而乐意为之吧。大名家为一道菜题签,说明他对于这道菜是认可的。如果让他去写梁山泊强人做的"人肉馒头",他会肯吗?

邓先生还特别写了一句:"(八宝辣酱)沪上名菜,而红楼食单中无此品,或因避凤头之讳?一笑。"

按,凤头,《红楼梦》中王熙凤也,其有"凤辣子"之称。邓先生此语,幽默无比。其实,他老人家也犯了望文生义的错,八宝辣酱，没有他想象的那么辣。因此，他的风头与辣酱之喻，难免隔靴搔痒。

正像邓云乡先生所说的那样，八宝辣酱是本帮名菜。本帮，上海风味菜也。所谓八宝，通常认为是肉丁、花生、笋丁、豆腐干、虾仁、鸡丁、猪肚、鸭胗八样食材，也有加开洋、香菇、目鱼、豌豆等。总之，超出或不足"八宝"都没关系，"八"只是个象征性的吉祥数字，极言其多而已。

坊间流行的说法是，上世纪四十年代，上海九江路上同酥馆里的厨师们参照上海本地菜"全家福"的烹制法，在炒好的辣酱上浇上一个虾仁"帽子"，又对炒辣酱的原料进行了调整充实，形成了"八宝辣酱"的格局。

这个说法没有出处，无法深究其真伪。

上海本地菜的"全家福"，说穿了是种大杂烩。从实际情况看，八宝辣酱无疑也是，彼此精神相同。那么，同酥馆又是什么来路呢？我没有查到，只知道当年九江路都是小店小铺，卖的都是廉价的饭菜。上世纪二十年代有篇《洋场食场开篇》的文章，里面林林总总胪列知名餐馆几十个，没有同酥馆的名字；比较有名的文献上面，八宝鸡、八宝鸭、虾子大乌参、糟钵头、圈子、秃肺等本帮经典，多有提及，但唯独八宝辣酱少有著录。这只能说明，八宝辣酱原是一道改良菜，随着时间的推移，渐渐变成了本帮经典菜。

改良必须有本，八宝辣酱的"本"是什么呢？

我们要知道，八宝辣酱除了"八宝"外，还有一种食材起着关键作用，即"酱"。如果认为"八宝辣酱"的"辣酱"是一种类似"老干妈"或"川湘"的辣酱，那就错了——上海人根本接受不了它们那种大面积的辣。我还注意到许多人把"酱"忽略了，或简化了，如有的只提到了豆瓣酱，有的则只提到了辣酱，这是不准确的。我小时候，家里要烧"炒酱"（八宝辣酱的简约版），大人就差我到油酱店去拷（买）酱——三分之一豆瓣酱，三分之二甜面酱，放在一只碗里，比例决不能弄错，否则烧不成，大人要让我重新去买。两种酱，其发祥地都不是上海。豆瓣酱，原料是由蚕豆、食盐、辣椒等原料酿制而成的酱，产于四川、云南、贵州、湖北、湖南、安徽等地；甜面酱，以面粉为原料，经蒸熟、发酵等工序加工而成，和京酱（吃烤鸭的蘸酱）非常接近，也非上海土产。再说，上海人不吃辣，辣椒酱更是用得稀罕。没有了以上三种酱，八宝辣酱就失去了依托，也就是说，八宝辣酱原先肯定不在本帮版图之内。

我推测，它的前身，可能有宫保鸡丁的影子。

宫保鸡丁之名来源于晚清名臣丁宝桢。丁曾任四川总督，加太子少保。他公务繁忙，对饮食不太讲究。有一回他晚归，正好家里没有备什么太好的食材，厨子便随便抓些鸡丁、花生、辣椒、豆瓣酱等炒成一盘菜。哪知这位丁大人连声称赞，把它视作看家菜。后来，其制法流传至民间乃至清宫，受到普遍欢迎和竞相模仿。

这道四川名菜被四川人带到上海，为适合上海人和在上海讨生活的人的口味，减轻了辣的程度，增加了食材的品种，最后杂糅出了"八宝辣酱"，和上海流行的八宝鸡、八宝鸭、八宝饭、糟钵头（其实也是一种混搭）等构成了什锦菜系列。

八宝辣酱出现在上世纪四十年代，比宫保鸡丁晚了半个世纪，很说明问题。不知我的猜测对不对？

八宝辣酱之所以后来成为本帮名菜，其品质具有浓油赤酱、咸淡适中、醇厚鲜美的本帮特点，是重要原因之一。

宫保鸡丁和八宝辣酱当然是不同的，比如前者多用鸡丁，后者多用肉丁；前者用酱较少，后者用酱较多；前者食材用得少，后者食材用得多……

上海的餐饮业，五方杂处，海纳百川。要吃宫保鸡丁，可去的地方很多，但要吃八宝辣酱，只能到本帮菜馆，因为这个菜名，蕴含着本帮的"意味"，具有标志性。你若查遍中国的几大菜系和帮派，除了本帮，这个菜大抵阙如。上海著名的本帮菜馆有上海老饭店、德兴馆、老正兴等，它们都有八宝辣酱可售，水平均不差。德兴馆，准确的叫法应作德兴面馆。或说，吃面的怎么和吃菜的挂起钩来？说明人家有这个能耐。据说它的酱，由九种调料制成，爆、炒、煨非常讲究，火候控制得恰到好处。它的八宝辣酱烧得不错，并非依靠秘籍，其实是靠认真。

八宝辣酱看上去"辣"，其实只是微辣或不辣，甚至还有点甜，标准的名实不副。至于"八宝"，也只是菜馆里办得到，它的原料消耗大，可作批量采购。普通家庭要吃一回八宝辣酱，须得买足最低数量的各种食材，且又不致满盆满钵无处消化，一定得精打细算。若谁真能祭出"八宝"，说明其功夫和工夫均为了得，可推荐参加"顶级厨师"选秀节目。而家常往往只是"四宝"：肉丁、笋丁、花生丁、豆腐干丁。

既无八宝，又欠辣酱，怎么能叫八宝辣酱呢？上海人有个妙招，叫炒酱。其名甚怪，完全不通——是炒几种酱料呢还是炒肉丁之类？没法自圆其说。不管了，反正就那么回事。

说来可发一噱。我父亲一向是家里的甩手掌柜，于炊事更是一窍不通。有一年他到同事家里吃饭，回来之后就说要烧一只菜给大家尝尝。原来是炒酱。我们都不以为然。烧成，果然色香味俱佳，而且形态很好，不像我母亲烧的炒酱：里面每样食材（肉丁、笋丁、豆腐干丁、花生丁）显出疲沓不振的样子，吃上去更是毫无嚼劲。诸位，单位食堂里卖的炒酱吃过吗？对啊，就是看上去缺少肉丁、笋丁，独多豆腐干、花生丁的那种，薄汤汤的，像泥石流。父亲做的炒酱，全无这些流弊，可谓每种食材均颗粒饱满，各领风骚，没有主角，也没有配角，大家都以恰如其分的姿态站在自己应在的岗位上。经过煸炒的酱料和肉丁，呈现一种黑褐色，而笋丁、豆腐干丁、花生丁则像刚出浴的小孩肌肤，泛着丝绸般的白皙。其中一个比较实诚的指标，是所有食材吃上去都较硬扎，挺括，奥妙在于几种食材分开煸炒，最后靠拌来合成。尤其是花生米，我们吃到比较差劲的炒酱，里面的花生米都像水煮似的，而父亲做的炒酱，里面的花生米就像刚炒好，剥皮，嵌入，呱剌松脆，吃口极佳。

从此，这个菜，就成了父亲到处吹嘘的"拿手菜"。

一个人一生只要有一个拿手菜，不管或炫耀，或展示，或分享，对于能够品尝到这种"拿手菜"的人来说，要比对着他说一万句言不由衷的恭维话，来得实惠。

顺便说一句，从前上海人炒酱，几乎没有只为当天吃光而准备的量，总会过点头。在没有冰箱或发明盖碗的时代，多出来的炒酱通常会被放在一只大的搪瓷茶缸里，以备日后再吃。相信和我同辈的人都有这个体验。我还清晰地记得住校读书的岁月，大人有时会让我带走一杯炒酱。

这句话说来，已近四十年了。

鸭脚包

鸭子是仿生学需要研究的重要对象，比如鸭舌帽、羽绒服的发明，灵感当来自于它，"鸭蹼"更是"蛙人"必备的工具。鸭子善于游泳，它的本事，很大程度靠的是一身羽毛和两只鸭蹼。现在，"与虎谋皮"是不敢，也"谋不到"、"不忍谋"，对鸭子呢，那就很不客气了，既要寝其"皮"（毛），又要食其肉，还要谋其"脚"。

动物的"脚"，除熊外，大多算不得身体中的"精华"，鸭，或许是个例外。传说古代帝王吃鸭子，看中的正是那一副鸭蹼。吃法也是极其怪异：把活鸭放在涂着作料的烧烫的铁板上。鸭子不耐高温，便要走来走去，乃至蹦跳不已，最终，鸭子尚活，鸭蹼已熟，正好切下装盘，以佐老酒。这种残忍的吃法，现在看不见了，但鸭子究竟难逃厄运，不过是死得好看些罢了。

鸭掌虽免"炮烙"之苦，但变着法儿要吃的人，总能让它"体面"地被吃掉。

梁实秋先生说起过一道"拌鸭掌"的名菜：把煮熟鸭掌上的

骨头一根根地剔出，而且要剔得干净，不可有一点残留。鸭掌下面通常以黄瓜木耳垫底，浇上三和油，再外加一小碗芥末备用。

唐鲁孙先生也说起过一种"天梯鸭掌"的做法：鸭掌斩下来后，用清水泡一天，顺纹路撕去掌上薄膜，然后用黄酒浸泡。等到鸭掌泡涨，鼓得像婴儿的手指一样肥壮可爱，把筋骨抽出，用中腰封肥瘦各半火腿，切成两分厚的片，一只鸭掌加一片火腿，另把春笋或冬笋切成片，抹上蜂蜜，一起用海带丝扎起来，用文火蒸透再吃。据说，火腿的油和蜜，慢慢渗透鸭掌笋片，吃口厚腻腴润。

这两道菜，流行于北方，尤其是后一道菜，更是金贵。当年有个"洪宪"的高官，曾恨恨地说："吃同和堂的天梯鸭掌，比老总放个巡阅使还难！"因此，怎么还轮得到我等草民。

赤日炎炎，胃口不开，吃些泡饭稀粥，最是惬意。但对"过粥小菜"的选择，颇费脑筋：太荤则厌其腻，太素则嫌其涩，最好有一种介于荤素之间小菜，能左右逢源、两头兼顾。想来想去，大概只有鸭脚包了。

鸭脚包是个什么东西呢？有一部叫作《超越恋的极限》的小说里是这么描述的：

"鸭脚包是选用安徽一带特有麻鸭的鸭掌，在鸭掌内包上一块肉，这包的内容非常有讲究，最早是有肥肉的，因有油，非常香，只是现在为健康需要，人们不喜欢吃肥肉，也有用瘦肉的，其实最为经典的是包一个鸭心，为了独特的味道，有的还在里面包上一只小辣椒，然后用鸭肠子一圈圈一圈圈地缠上。这样被制好的鸭脚包是要放在糖、盐、酱油和特制香料的卤水中腌制，腌制一定的时间后取出晾干……"

我想，作者一定是个乡情很重的人，而且还是鸭脚包的拥趸，否则何以如此饶舌？但所说大致不差。我虽非皖人，却也是鸭脚包的推崇者。有一点辨正：鸭脚包的原产地应是宣城，其中以宣城水阳产的最正宗；水阳地面，又以"老徐"的鸭脚包最佳。

我品尝鸭脚包总有五六年时间了。当初宣城的朋友托人送来一大马甲袋的时候，我还嫌油腻腻灰扑扑的不太卫生，往阳台上一扔便不去关照。后来太太清扫时发现，取出若干，用开水浇冷水冲肥皂水漂洗，然后加葱、酒、姜隔水蒸，居然满室飘香。一吃，觉得堪称珍馐。你想，一只鸭掌夹两块鸭舌，那么一大包鸭脚包该要耗费多少鸭舌？真是很奢侈的！

其实，将鸭脚包如此冲刷干净实在外行，那种特有芬芳气息就这样流失了。痛心啊。

大概为使我安心，以后朋友捎来的，全改成了真空包装。卫生是卫生了，但鸭脚包变得瘦而小，鸭心只剩一块，味道也大不如前。像第一次拿到的"齷齪吧啦"鸭脚包，再也无缘享受。

　　鸭脚包多产于秋冬，此时的鸭脚包最是肥美。如今正值酷暑，想要吃到那种"最佳状态"鸭脚包，差不多和吃同和堂的"天梯鸭掌"一样难了，故心生憾意也。

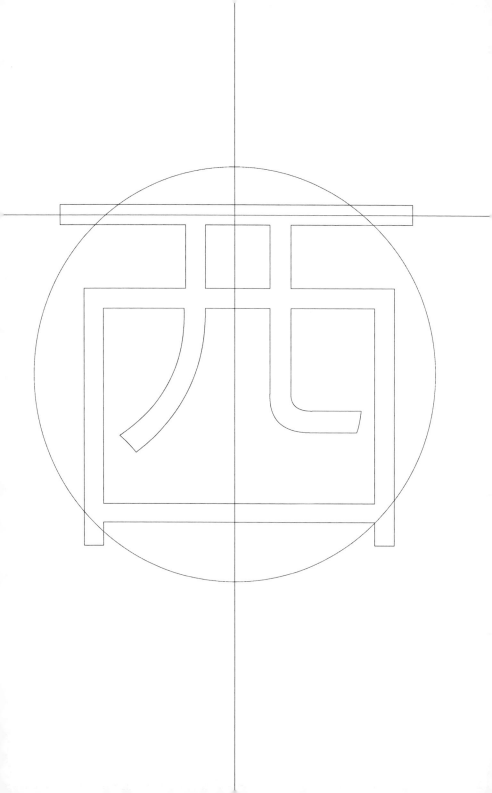

在过桥米线的故乡吃过桥米线

九月初，乘学生开学、国庆长假来到之前的旅游淡季，我有机会一偿宿愿，到云南观光。

第一站就是昆明。

昆明的朋友闻讯，一定要请吃饭。"劝君更尽一杯酒，西出阳关无故人。"远方朋友的心意是必须领受和体会的，否则，我们就太矫情了。

吃饭的地方，叫新世界。问导游，她说，知道，很有名，在昆明市的市中心。我一想，拣那么有名的地方请客，朋友该"出血"（开销大）了。

昆明堵车厉害，原本只需半小时的车程，我们一行人跌跌冲冲花了一小时才赶到，还迟到。朋友已久候。他宣布：今天吃米线啊。

我一听，脸上就有点挂不住：大老远赶来，你就让我们吃这个？

米线这玩艺儿，二十年前上海才开始有卖。那个时候大家感到新鲜，你让人家见识见识，倒也无伤大雅。现在，上海街头的米线店比米店还多，谁希罕？寒暄一番，开始入座。

一上来便是几碟下酒佐茶的小菜，名叫"五味碟"：香酥、玉兰片、豌豆粉、榨菜、桃仁；接着又是"风味八围碟"：斗南野百花、鸡足山树花、炝凉黄瓜、版纳水龙爪、洱海油爆虾、傣家竹虫、蛤尼蚂蚱、江川风味鱼。

酒过三巡，开始上热菜：田七汽锅鸡、大理梅子罐罐、傣味香芳茅草烤鱼、芭蕉叶蒸乳饼、阿拉乡荷叶包、脆炸鸡枞卷、松茸炖乳鸽……

看得出，配菜经过精心设计，都是一些能够体现云南及云南少数民族特色的菜肴。说老实话，时至今日，当时的味觉记忆已被日子消蚀得差不多了。菜名犹在，味道究竟是什么，已经无从追寻了。

但是，两道点心——彝家天麻荞糕和端仕卤饵丝，现在还有回味。彝家天麻荞糕放在一只小钵里，就像一块咖啡色的蜂糕，甜蜜蜜的，很好吃；端仕卤饵丝，是将饵丝（一种米制品）用滚水烫熟，加上鲜肉丝或火腿丝、肉汤或鸡汤，佐以酱油、葱花、芫荽及少许酸菜做成的一道小吃。当地把它作为点心，在我们外来人看来，它更像是一道菜，只能说有点好吃。

最值得期待的，也是压轴大"菜"——过桥米线上场了。

只见服务生两手各托一个大盘子，盘子里重重叠叠放着十几个小碟，计有：脊肉、乌鱼片、菊花、玫瑰花、豆腐皮、云腿片、海参、草芽、鱿鱼卷、蔬菜碟、腰花片等。就在大家啧啧称奇的时候，一大碗米粉端到面前。这是非常关键的东西，缺少了它，"过桥米线"就不成其为米线了。内行都知道，只要那碗滚烫的高汤不来，无论是前面的十几碟，还是后来的一大碗，都忙不起来。

正在焦急等待之时，服务生一碗一碗（决不能同时）地把高汤端到各位面前，一边端，一边嘴里不停地招呼："别碰碗沿啊，别碰碗沿啊！"

原来，这碗外表十分地热，系用火炉干烧使之发烫，再注入覆盖着一层鸡油的极烫的高烫。两"烫"相加，自然烫无可言了，如果一不小心，把人（手）烫得体无完肤，一点问题也没有。于是大家忙开了……

过后，一致的意见是：昆明的朋友用心良苦，安排得当，让人大开眼界。

我偷偷地看了一下该店的菜谱，发现我们吃的，是一种套餐，每客八十元，叫恭喜发财版。其实套餐里边还分成各种档次，往高里走，有：一百元的满堂吉庆版、一百五十元的万事如意版、一百八十元的福寿双至版……云南民歌当中有一首叫《小乖乖》的，居然这样追捧米线："小乖乖来小乖乖，说个谜语你来猜，什么长长街头卖啊，什么长长妹跟前来？小乖乖来小乖乖，这个谜语我来猜，米线长长街前卖啊，辫子长长妹跟前来呦……"充满了对家乡特产的自豪。

关于"过桥米线"有个美丽的传说：云南蒙自县有个一心求功名的读书人在一个小岛上苦读，他的妻子每天从家里走过一座长长的木桥给他送饭。可是饭菜送到时就凉了。妻子想了好多办法，都不太奏效，焦虑万分。有一天，妻子炖了一只老母鸡，准备给丈夫送去，因为劳累，突然晕了过去。等到清醒过来，已经过了很长时间，她正担心丈夫吃不上热菜热饭，可是一摸汤碗，仍旧烫手，猛然省悟，是汤表面上的一层鸡油起着保温作用。后来她把米线和批薄的生鱼片等下到汤里，竟一烫便熟。从此，她每天就把这种米线送过桥去给丈夫吃。丈夫深感妻子贤惠，愈加发奋，最终如愿高中。"过桥米线"之名遂流传开来。

同样的"过桥"，其实另有说法：备好一碗临近沸点的高汤，将生的鸡肉、鱼肉、虾、鱿鱼、猪什件等批薄，放入高汤之中，再将煮熟的米线放入浸泡。这个过程，云南人谓之"过桥"。

云南米线，其实有三种：大锅米线、小锅米线和过桥米线。大锅米线相当于大锅煮的盖浇面，无所足观；小锅米线相对精致，每次只煮一碗，浇头与米线同煮，相当于小锅菜，也不见得有何特色；唯独过桥米线，不仅制法、吃法特别，更兼食材、作料讲究，所以"老昆明"说："一客过桥米线，可抵半桌筵席。"证诸此次在昆明吃到的米线，信然。

火烧干巴

朋友自云南旅游归来，带了一些当地的小吃食送给我尝尝。云南，我去过，对那些东西，略知一二，唯独对其中一样东西——火烧干巴，面熟陌生，吃不准其为何物。按照我的推测，它应该是一种小点心。火烧，有些地方叫烧饼；干巴，是什么呢？哦，云南很多地方把一种烙饼叫粑粑，大概就是它了。

一袋火烧干巴，只有八十八克，掂上去很轻。我自作聪明：可能它被加工成上海人吃的零食——锅巴了。打开一看，傻眼，原来是一根根像茶树菇一样的东西，手指般长，火柴般细，枯枝般色。哪里是粑粑！不过，粑粑另有一个名字叫饵块，而把饵块切成丝，滇人称为饵丝。会不会火烧干巴就是火烧饵丝？

瞎七搭八！

一尝，是肉干啊，还是牛肉干。满口香气，滋味醇厚，要臻于这样的境界，不下"何意百炼钢，化为绕指柔"的功夫，绝对不行。我们通常所吃的牛肉干，一块一块或一粒一粒的，一条一条的相对较少，即使有，差不多有小指粗，俗称"手撕"。还有一种，叫"麻辣灯影牛肉"（不是片状），细若游丝，适合一撮撮地吃，下饭佐酒两相宜，但做零食就牵强了。眼前的火烧干巴，和上面说的牛肉干都不同，硬朗得很，牙口不好的人没准会把牙磕掉。

为什么到过云南的人不一定知道火烧干巴？一类可能像我一样，粗心大意，熟视无睹；一类可能似曾相识，却对不上号。揆诸后者，其失察之误，在于不知干巴和火烧干巴有所不同。

干巴是云南流行的美食，制作工艺复杂：寒露前后，选用地方肥膘黄牛宰杀，割下二十四块无筋、顺刀之规整牛肉（滇人称之为"骨施特"，即净肉），成十二对，每对都有一个名称，如"饭盒"（即股四头肌）、"里裆"（即股薄肌）等，其中"饭盒"、"里裆"为上品。肉在通风处晾透后，用炒过的食盐涂抹几遍，加五香粉、花椒粉等香料。装缸腌时要放平压紧，再撒一层盐，用几层纸扎紧缸口。二十天左右取出，吊挂晾晒。两天后再平放加压挤水再晒，直至肉已干硬。牛干巴最常见的吃法是油煎或炖吃。

火烧干巴是在干巴的基础上用火烤熟，去除焦黑部分，大力捶打，把干巴打散打松，用手撕着吃。我吃到的火烧干巴肯定不是这样制作的，它应当是在干巴烤熟呈褐红油润后，用木槌敲打成丝状而成，当然比丝粗（另有一种火烧干巴确实是一丝丝的），因此更难。

火烧干巴是西双版纳傣族特产。我没有到过西双版纳，难怪对此不甚了解。

据看过烤制现场的人说，傣族人一般把干巴放进由废弃的汽油桶做成的烤炉里用火炭烤制。干巴烤得是否到位，关键是看火候掌握是否恰到好处：过，则容易烤焦；欠，则不够酥脆。傣人烧烤干巴过程中，会出现三个名词：并，并窝，并雅。什么意思？我查了半天，没结果，大致是烤制方法。"并"，也许是两种以上的材料或方式"并用"吧，我猜测。

我吃到的火烧干巴，包装袋上冠以"岩牛"两字，令人十分费解。仔细察看，发现上面说得非常简洁："岩"，是傣族的男性。那么，这是否暗示这头牛十分健壮？

还有一点也有点玄乎，包装袋上写得清清爽爽：火烧干巴，出自傣族玉哨（小姑娘）之手。以前听说上佳的古巴雪茄必定由未婚少女用玉手在大腿上搓捏，想不到火烧干巴也有这等"含金（千金）量"。这当然是可遇而不可求的了。

火烧干巴原为傣族宫廷名菜，专供贵族头人享用，列傣族三大名菜之首。现在已经成了大众化的吃食。

我们知道，上海人吃的牛肉干，一斤要用好几斤生牛肉熬制而成，那么，一根根像火柴棍似的火烧干巴，该用多少生牛肉做得？无法想象。总之，此物的性价比很高。

在文山地区，壮族、回族还流行吃火烧骡子干巴，想必味道不输给火烧牛肉干巴的。

在云南的腌肉王国里，如果说火腿是君王，那火烧干巴就是王子。

突然想起前几年孟侯兄从南非归来，送给我一小袋牛肉干。他特地关照："这是生的，你敢吃吗？"笑话，美食当前，馋虫踊跃，我有什么不敢吃的！那牛肉干一根根有手指粗，硬邦邦的，嚼劲十足，很着味，好吃极了。现在想来，它不就是南非的干巴嘛！只不过不是火烧的干巴而已。

粑粑·饵块·饵丝

粑粑

我在《火烧干巴》一文中提到粑粑，只是一笔带过，好比面对一个美人儿，不赞她几句怎么怎么漂亮、妩媚，却只说碰到了一个"女人"或者"人"，态度很不严肃、端正。

确实，在云南，粑粑是一样重要的食材，无法轻描淡写。

云南民歌《小乖乖》里说："小乖乖来小乖乖，说个谜语你来猜，什么长长街前卖啊，什么长长妹跟前来？小乖乖来小乖乖，这个谜语我来猜，米线长长街前卖啊，辫子长长妹跟前哟。小乖乖来小乖乖，我来说给了你来猜，什么圆圆街前卖啊，什么圆圆妹跟前来？小乖乖来小乖乖，你说给了我来猜，粑粑圆圆街前卖啊，镜子圆圆妹跟前来哟。"俗话说，"说得比唱得还好听。"能够进入具有地方色彩的唱本，总是最有代表性的事物，比如《吐鲁番的葡萄熟了》《好一朵茉莉花》之类。这里只提到了两样云南代表小吃——米线和粑粑，可见粑粑的地位是很崇高的。所以，台湾美食家周芬娜说，米线和粑粑，"只要再加个饵块，就可以总括云南小吃的精华了"。

粑粑，在云南很多地方都可以见到，尤其以大理、丽江为多。其模样，或像葱油饼，或像藕夹饼，或像烙饼，或像煎饼，千姿百态，但万变不离其宗，总之是饼，而不是团或糕。

饼就是饼，糕就是糕，团就是团，何必叫粑粑呢？当地人都这么叫，外来人有什么办法！仿佛上海人叫馄饨，四川人叫抄手。不懂，那就入乡随俗吧。

有一种说法，称：之所以叫粑粑，是把"饽饽"的音读歪了。

我以为这是很可疑的。

饽饽，是用黏米为原料蒸熟后才能吃的小吃。难道粑粑也是这样的？对此，我试着在下面穿插地说说。

丽江有句谚语："丽江粑粑鹤庆酒。"说的是丽江的粑粑和鹤庆的酒，都是最具代表性的地方特产。

丽江粑粑是纳西族独具的风味食品，历史悠久，《徐霞客游记》里居然有记载。它原是纳西族妇女花费心思精制，以便让出远门的丈夫做干粮；曾经是茶马古道上的马帮必备的干粮，耐藏而不会变质，久而久之，变成了一种色、香、味俱佳的美味小吃。丽江粑粑制作考究，主要原料是采取丽江出产的精细麦面，用从玉龙雪山流下来的清泉拿捏面团，在大理石石板上抹搽植物油，再擀成一块块薄片，抹上油，撒上料头，卷成圆筒盘状，两头搭拢按扁，中间包入芝麻、核桃仁等作料，再以平底锅文火烤熟煎成金黄色即可。丽江粑粑分为咸甜两类，甜的加白糖，咸的加火腿末，也可以根据各自口味任意选用。在丽江四方街边上的一条小吃街上，到处是卖丽江粑粑的铺子。

喜洲粑粑因源于大理喜洲镇而得名，原名"破酥"。它的发面相当讲究，加适量苏打粉，揉捏至透，再加精油分层。也分甜、咸两类。咸的撒葱花、花椒、食盐；而甜的做法奇怪，用的料除红糖外，还有火腿、肉丁、油渣、豆沙等（杏花楼的叉烧包，名义上是咸的，吃上去却是甜的，与此有异曲同工之妙）。做成小圆饼后，把它放在油锅中烘烤即成。

丽江粑粑和喜洲粑粑，是云南粑粑中的极品，而其他地方的粑粑，只能算是用于果腹的粮食，无所谓好吃与否。我在香格里拉吃过一种粑粑，大得像一只锅盖，足够五六人吃。比较粗糙，有的像玉米粉做的，有的像松糕。由于没有米饭，连面条也少有供应，它成了旅客的主食，吃起来倒别有风味，完全说不上好吃。有位旅友上了年纪，吃不到饭，又不喜欢吃面，却乐于接受这种朴素的粑粑，混过了一顿晚餐，令大家深感欣慰，否则真不知怎样对付。

彝族有一种荞粑，由荞麦粉、玉米粉和小麦粉等制成。吃口有点苦，故又叫"苦荞粑"，但嚼起来有一股特有的香气。彝

族同胞往往把它火烤或油炸着吃。我在东阳吃过玉米饼，想象
荞粑的味道应该和它是差不多的。

饵块

百度一下，你会看到，比较权威的资料把粑粑和饵块当成
了一回事，说粑粑只是饵块的别称。尽管起初对粑粑和饵块所
用的原料缺少了解，可是，在云南旅行的时候，这两样东西我
都是见识过的，所以就有点怀疑。因为粑粑做得像葱油饼、油
酥饼，一层一层的，这是糯米或大米（粉）不容易做到的。所
以，粑粑和饵块一定有所区别：粑粑以面粉（小麦粉、荞麦粉
和玉米粉）为原料，而饵块则是用大米（蒸熟、冲捣成粉）做
原料。

我这样理解是否对，心里没底。

我初次听到饵块和饵丝，是在昆明。当地朋友请我们吃全
套的"过桥米线"，其中就有"饵块"和"饵丝"的名称。我当
时不识"饵"为何物，见作为点心端上来的"端仕饵丝"，便悄
悄地问边上的驴友："是不是上海人说的顺风（猪耳朵）呀？"
惹得旅友哈哈大笑："说什么呢？这可是一种米做的小吃，和顺
风可没一点关系。"我的脸，刷的一下红到了脖子。

把"饵块"说成是猪耳，固然可笑，不过并非毫无来由。
饵，有糕饼、鱼食等几个义项，还有一个，《周礼·内侧》："捶

反铡之去其饵。"饵，筋腱也。这就是说，吃饵块，很像吃牛筋牛腱般的嚼劲。这也意味着，它有嚼顺风（猪耳朵）的感觉。但，这是我的强词夺理，不可当真，也不足为训。

这么说来，既然粑粑和饽饽疑似相同，而饽饽的性质又与饵块十分相似，于是，粑粑和饵块就成了"一家人"了。

这是错的！

如果说饵块像我们熟悉的什么东西的话，我想应该是宁波年糕。

但两者有个重要的差异：饵块是把米蒸熟成为饭之后的产物，而年糕是把糯米或大米磨成粉之后做成的。所以，饵块有它的独特性。

将有黏性的大米淘洗、浸泡，放到木甑里蒸熟，蒸到六七成熟时取出，然后舂捣，打成面糊状，加以搓揉做成砖形，根据需要，可切成块，就是饵块了。

也有用木模把饵块压制成饼状的，上面凸显喜、寿、福等吉字及鱼、喜鹊之类祥图，非常富有美感。

把饵块切成一寸大小的薄块，选加火腿丝、青豆、肉片、大葱、鸡蛋、韭菜、腌菜等，用重油大火猛炒，上浇甜咸酱油，淋以少许油辣椒，味道极香。由于口味浓重，烹调过程有点像做卤味，故昆明一带的人把炒饵块又称之为卤饵块。

我怎么觉得有点像炒年糕呢。

饵块另一个烹调方式，面目已经全非。它把饵块做成薄饼的样子，放到炭火上烤，烤到略微焦黄的时候，取下，涂抹一层芝麻酱或辣椒酱等，中间夹以牛肉片、羊肉片或油条，和吃北京烤鸭一个德性。

饵块还有蒸和炸两种做法。至于采取哪种烹饪方法，由不得你；你能够做的，拣自己喜好的就是了。

饵丝

饵丝，即把饵块切成粗细均匀的细丝。把饵丝、熟猪油及各种作料，放在一只专用的小铜锅里反复翻炒，浓油赤酱，包裹住每一根饵丝，十分入味。昆明人称之为"小锅饵块"。

小锅饵块选料讲究，一定要选用官渡饵块（非官渡之战之官渡，乃昆明的一个古镇，以制作饵块闻名，是昆明旅游不可或缺的一个景点）。官渡饵块有 400 年的历史了。我去官渡古镇，在一条古色古香的步行街上，卖饵丝的摊位不少，足可证明这个地方盛产饵块。

据说，民国时期玉溪人翟永安在昆明端仕街开设永顺园餐馆，专卖小锅饵块，令食客趋之若鹜。我在昆明，因时间所限，未能趋前吃它一碗，至今遗憾。

除了炒，饵丝的做法还有一种，煮，吃法就像吃米线。历史文化名城腾冲，以饵丝为地方风味，炒煮并美，享誉遐迩。

由于名气太大，游人品尝之余，往往还想带回家里让人分享。所以当地便把饵丝做成袋装、碗装干饵丝以便携带。

云南曲靖市流行的是蒸饵丝，做法虽有别于炒、煮，但添加各种作料（肉糜、香菇等）拌着吃，和前两者精神一致。

那么饵丝是否就是米线？似是而非吧。有人说，米线没法干制存放，而饵块（丝）正相反，以此作为区分两者的根据。这种表述是不确的。我家附近有家专卖云南红河土产的商店，里面就有卖干米线。不仅如此，我还尝过朋友从贵州带来的干米线（须浸泡）。应当说，它们都是用大米做的，而区别在于饵丝是煮熟的米饭做成块切成丝的，米线是先磨成粉然后用米浆榨出的。

其实，在云南，饵块和饵丝的概念，就像粑粑和饵块，很多时候是交叉的，块丝不分，粑饵混淆，喜欢钻牛角尖的人若要把它们弄得水落石出，非被折磨死不可。

相传明末清初，南明永历皇帝朱由榔奔逃至边境小城腾冲，饥肠辘辘，命在旦夕，后来得到腾冲老百姓奉上的炒饵块，才不至于成为饿殍。于是永历皇帝不觉感叹："真乃大救驾也！"因此，腾冲饵块又名"大救驾"。腾冲饵块与昆明炒饵块不同，是三角形的，标志明显。

可我还听到过另一个"大救驾"的故事。

"大救驾"是一种由青红丝拌肉做馅烤制的油酥饼，有关人士不是永历皇帝而是后周的赵匡胤。和几乎所有的美食故事一样，受命于世宗的大将赵匡胤，在公元 956 年率兵征战南唐（今寿县一带）。南唐守军拼死抵抗，居然坚持了九个月。待到城池攻克，赵匡胤累得一连数日饮食难进，将士为之犯愁。军中有一个厨子向当地厨师请教后，以白糖、猪油、青红丝、橘饼、核桃等作馅，嵌入面团之中，压扁烤制，呈给赵匡胤。赵吃了，大加赞赏，很快恢复了健康，接连又打了几个胜仗。后来，赵匡胤当了皇帝，对曾经救过命的香酥脆饼念念不忘，欣然赐以嘉名——大救驾。

当然，"大救驾"的产地换了，是安徽的寿县。不信，你到寿县问问，是不是有一种叫"大救驾"的小吃？

开水白菜小清新

假如你不谙饮食之道，或者对此不加关注，那么别人请你吃饭，一道，两道，三道……其中上了一个小汤盅，里面或燕或翅或鲍或参，你一定会觉得请客的人太盛情了，留有深刻的印象；换作是一盅清汤外加几张白菜帮子，你还会有被人奉为上宾的感觉吗？

燕翅鲍参固然体现价值，清汤白菜何尝不是？在正规的、有品位的餐厅里，一盅清汤白菜的价格是二百元！

目瞪口呆了吧！

回想起来，因为自己的"傲慢"，那盅清汤白菜被多少人不当回事儿，严重低估。

清汤白菜，又名开水白菜，以其汤水如白开水般清纯的意思。

前些年有一部电视剧非常火，叫《林师傅在首尔》，里边专门有一集，讲到清汤白菜这道菜，相信看过这一集的人都会被震撼——

话说韩国首尔有家著名的川菜馆"芙蓉堂"因店主的去世以致菜肴质量大幅下降，因而濒临破产。继承父业的朴善姬不得已去找金盛实会长，希望他能暂缓收回经营权，俾使"芙蓉堂"的租期得以延长。金会长的条件是，可以先延长租期一个月，不过，一个月后，"芙蓉堂"还不能够做出令他满意的川菜料理，那就不会和她续约。缺少了父亲打理的"芙蓉堂"，烹饪水平一塌糊涂。幸运的是，朴善姬偶遇来自中国四川的烹饪大师林飞。林师傅暗暗帮她渡过了几次难关。但是金会长对"芙蓉堂"的厨艺仍有疑虑。有一天，他突访"芙蓉堂"，要求吃到一味川菜极品——清汤白菜。所有人都茫然不知所对。关键时刻，又是林师傅临时客串，出手相助，以精湛的手艺征服了金会长挑剔的味蕾，挽救了"芙蓉堂"。

从视频中看林飞操作，基本步骤是：将一只鸡和一块肋条肉放入锅中煮；用勺将煮沸的汤舀起，往鸡和肉上浇下，往复几次；取一棵大白菜，剥去几层菜叶，只留菜心，用手指将其敲松，备用；将一块鸡脯肉剁成肉糜，加汤水，形成石灰浆一样的东西；将"石灰浆"倒入沸锅中，搅动几下；把菜心倒入锅中；取出白菜，切成一指长短，放入一只玻璃碗里，加高汤，把碗放在蒸格里蒸；再倒入一只下面生着火的陶瓷煲里，上桌。

看上去很简单嘛。

其实，这道经典川菜比起其他任何一道川菜都吃功夫。没有两把刷子，厨师要做好这道菜，谈何容易！

林飞的演示过于简化，比如食材，比如火候，比如时间，比如操作等等方面，视频里都没有很好地交待。一味模仿的话，最后差不多就是上海人常吃的炒黄芽菜，最多是"有鸡汁味的黄芽菜"。

要说开水白菜，里面的讲究极多，远非《林师傅在首尔》所描摹的。

食材有老母鸡、老母鸭、宣威火腿（脚蹄）、排骨、干贝等，不是电视剧里仅有的那些玩意儿。这些食材在沸锅中汆一下，除清血水和杂质，捞出后洗净，再一起放入汤锅内，加入足量清水、姜、葱，烧开后不断地撇去浮沫。加料酒，改用小火保持微开不沸，慢慢地熬，直至熬出鲜味来。熬的时间至少需要四个小时。电视剧中用鸡茸做成的"石灰浆"倒入锅中有什么用处？它没有说，所以观众一定莫名其妙，以为是增鲜。错了，"石灰浆"倒入沸锅，用勺子按顺时针方向，不断地搅呀搅，此时，汤中的浮沫、杂质竟会不约而同地被吸附在鸡肉茸体上，逐渐形成一个球状物，如同洗衣机里专门收集掉落纤维的小袋子。将这个球状物捞起，丢弃，如此一而再，再而三，直到锅里的汤，看上去清得像一杯白开水。把菜心在沸水中汆一下断生，再用清水漂冷，以去其腥……

接下去，应该按《林师傅在首尔》里的做法——将盛在碗里的菜心放在蒸格里蒸？可惜，这是正宗川菜传人不认可的。
我曾经把这个镜头说给一位熟识的川菜大师听，他就皱起了眉头。他认为正规的做法是：把经过清水漂冷的菜心放在漏勺里，用已成"白开水"的高汤一遍一遍地冲淋，直至厨师认为"到位"为止。注意：那些漏掉的"白开水"决不能注回锅里再利用。最后，将烫好的菜心垫在汤盅底部，再轻轻倒入"白开水"，上桌。

　　大师告诉我，真正高级的"开水白菜"，有几个指标：一是汤水极清，不容一星油花；一是汤水看上去"清汤寡水"、无色无味，实则滋味醇厚、鲜头十足；一是菜心饱含高汤，吸满精华。我想，这道菜之所以高级，还有两点可以反证：其一、白菜只采内心，其余"浪费"，毫不可惜；其二、诸凡老母鸡、老母鸭、宣威火腿、排骨、干贝等等，一俟完成其"吊鲜"使命，便成垃圾。光这两条，其他所谓的高级菜肴就比不上。

　　据说，"开水白菜"是川菜名厨黄敬临在清宫御膳房时创制的，后由川菜大师罗国荣传承，带回四川，以后成为北京饭店高档筵席上的一味佳肴。《四川饭店记》中有这样的记载："开水白菜成上品，七入大会堂烹制国宴，大展厨艺，三进中南海，润之筵席，盛待嘉宾，十赴文津街，珍馐美馔，犒赏精英。声名显赫，群雄瞠目，冠盖京华，九州四海，岂有不知乎。"

　　还有一段传说也很传神：周总理宴请日本贵宾时，有位女客看端上来的菜只有一道清水，里面浮着几棵白菜，认为肯定寡淡无味，迟迟不愿动筷。在周总理几次三番的盛邀之下，女客才勉强用小勺舀了些汤，谁知一尝之下立即目瞪口呆，狼吞虎咽之余不忘询问周总理：为何白水煮白菜竟然可以这般美味呢？

　　"开水白菜"给我们的启示是：大音希声，大象无形，在现实生活中是存在的。另外，川菜也有不辣的时候，先入为主的印象，靠不住。

此处无鱼胜有鱼

如果真有"国菜"这个概念，并且能让老外像认可熊猫那样的，我想，非北京烤鸭不可。

可是北京烤鸭在外国许多地方，只是一个响亮的名称，限于条件，许多餐馆无法操作。其他能够给老外留下深刻印象的，恐怕不外乎这样两个菜：咕咾肉和鱼香肉丝。到国外旅行的人，一般都会在当地的中餐馆吃上几顿。餐馆再不济，手艺再"牵僵"（沪语，糟糕、差劲的意思），这两道菜总是拿得出的。前几天新闻里说，有个西班牙记者胡说八道，向消费者暗示当地中餐馆怎样深藏猫腻、怎样不讲卫生，引来一片抗议。其中有个镜头扫到一位正在中餐馆里就餐的西班牙顾客，他拿着筷子撷的菜，正是鱼香肉丝。看他吃得津津有味的样子，吃惯了中国菜的观众，会生出疑问：他吃得惯吗？

孟子说："口之于味，有同嗜也。"意思很清楚：天下人的口味都是相近的。只是，看了菜单上写着"鱼香肉丝"的老外，首先会想到什么呢？当然是鱼和肉的合作。鱼香肉丝的英文名字叫 fish flavored pork slice，也作 fish-flavored Shredded Pork，意思差不多：有鱼味的肉片。这个译文的毛病是死心眼。从烹饪的角度来说，"鱼香"实际上和鱼一点关系也没有。因此，是不应该出现"fish"（鱼）字样的，否则就会误导顾客。

鱼香肉丝另一个英文名称为：Shredded Pork with Garlic Sauce，意思是用大蒜汁调味的肉丝。不知这个翻译，是中国人还是外国人干的。总之，译者对鱼香肉丝的烹调了解得不够深入。

鱼香肉丝当中固然有大蒜的成分，但起关键作用的却是泡椒。泡椒，俗称"鱼辣子"，是川菜中特有的调味料。鱼辣子里最主要的成分有红辣椒末，其他如葱末、姜末、糖、盐、花椒等，自然也有大蒜。把鱼香等同大蒜，是以偏概全。泡椒具有辣中带酸的特点。而这，恰好是欧陆人喜欢的味道。

实际上，不要说老外搞不懂"鱼香"究竟为何物，就是地道的中国人，对此也是一头雾水。但许多人从来不怀疑鱼香肉丝和鱼，有着天然的关系。

有个流传很广的故事：四川有一户生意人家，家里人很喜欢吃鱼，对调味也很讲究，所以他们在烧鱼的时候都要放一些葱、姜、蒜、酒、醋、酱油等去腥增味的调料。有一天晚上，女主人在炒菜的时候，为了不浪费，就把上次烧鱼时用剩的配料都放了进去。烧成，她担心老公因为这道菜味道很怪而生气，惴惴不安，哪知她老公连连称赞。之后，她就把这个配方广泛应用，居然形成了一个菜系。

显然，这个传说解决了鱼香肉丝为什么姓鱼的缘由——烧鱼用的调料。

还有一种说法：有人用小的河鲫鱼加葱姜和泡椒煎熬成油，炒鱼香肉丝起锅时淋上几滴。这是扣了"鱼香"两字吗？但一代川菜宗师张德善说："川地水深流急，鱼苗难以寄生，人们见水思鱼，想吃鱼而得不到鱼，厨师便取了个鱼香炒肉丝的名字，给人'无鱼胜于鱼'的感官享受。"这就颠覆了坊间的流传。权威一锤定音，你不服帖还真不行。

鱼香肉丝是一道非常普通的菜，但要烧得好，尤其让行家里手喝彩，极为困难。在第二届全国烹调大赛上，四川省代表队以久负盛名的鱼香肉丝参赛。拿手好戏，颇让全体评委关注。虽然一片叫好，但最终结果不尽如人意。原因呢，主要是此菜人们太熟悉了，加上众口难调，很容易被扣分。

好的鱼香肉丝，调料配制很要紧，但这只是关键之一。还有一样，便是火候，无论肉丝还是各种作料，都要急火猛炒，一锅成肴。这样的好处是使香味最大化。

我听过上海著名烹饪大师徐正才说过一个故事：徐大师的业师朱之斌曾对他讲过，早年，锦江饭店由金陵东路迁至茂名路，厨房设在底楼，厨房炒鱼香肉丝香味在三楼窗内都能闻得到。

当时，徐大师似信非信，认为过于夸张。有一回，徐大师到四川考察餐饮，正巧成都体育馆举行烹调表演，他和上海的同行便去观摩。他们被安排在三楼的一角，而且处在下风头。可是，四川厨师烧的鱼香肉丝，其香味居然仍能扑鼻而来，让上海同行彻底买账。

显然，鱼香肉丝，有没有那种独特浓郁的鱼香味，是检验烧得好坏的一个重要指标。

那么，烹饪大师是怎么烧的呢？

我们且来看看徐大师的手段——

先将锅烧热，放适量油，将肉丝用水豆粉拌匀，称为"埋菜"；下锅炒散，放在锅边；余油将姜末、蒜泥、泡椒丝炒香；加郫县豆瓣酱炒"翻沙"出红油；将肉丝拨入锅中央；由料酒、酱油、白糖、米醋、味精、水豆粉等兑就的调料下锅，"急火猛炒"，同时随手再加一把香葱段继续"猛炒"，自然是越炒越香。炒鱼香肉丝不单是调料的比例和火候的把握，对平衡二者之味的醇和也十分重要。其"香"，不仅来自"小料"，其中还要有"醋熘"的焕发。厨师凭经验，在起锅补几滴醋。现今的鱼香肉丝都用鸡蛋、干淀粉和盐"上浆"，采用"低温过油，旺火速成"的"滑炒"，优点显而易见，肉质鲜嫩，油量亦可控制和把握。以"亮油包汁"味在其中为准。徐的师傅沈子芳生前教授的鱼香肉丝，以王少卿亲传的成都派一脉，口味以"香辣酸鲜，略带甜味"的特点定"格"。王少卿将"小料"葱姜末改为葱姜丝，姜不能超细，否则结团；葱以青白各半中段切丝炒就后碧绿生青味又佳。"沈派"的鱼香肉丝加了一成，还要加冬笋丝、香菇丝和业内称五彩红的泡椒（黄的姜丝，绿的葱丝，白的冬笋丝，黑的香菇丝……这种配制，徐大师称为"海派鱼香肉丝"）。

喏，要烧好一道看似简单的鱼香肉丝，实在不简单啊。

鱼香未尽

拙文《此处无鱼胜有鱼》刊出后，引起中国烹饪大师李兴福的关注。前几天，李老碰到我，聊起，说，其实上海的"鱼香肉丝"原本应该写作"腴香肉丝"。

这可是捅马蜂窝啊。在写这篇文章之前，我可是把有关文章梳理一过的呀，所谓"腴香肉丝"这个名称，压根就没见著录呢。

对此，李老有个说明，我概括如下：

鱼香肉丝是四川名菜，一点不错。在四川，它就叫这个名字。那么，是谁把这道名菜引入上海的呢？何其坤。

上世纪二十年代初，何其坤从四川来到上海，才十五岁，师从在美丽川菜馆当主厨的哥哥何其林。学成后，他到蜀腴川菜馆掌勺。因手艺超群，又富有创意，没过多少时间就当上了主厨。他于上世纪三十年代在该店推出了家乡名菜——鱼香肉丝。何其坤烹饪的这道菜，虽然秉承川菜的传统，即把泡红椒作为主要调料，但在调味上下了很大的功夫：把辣、酸、甜、咸等各味作了复合杂糅。他之所以要改变鱼香肉丝的原乡气息，目的是要适合上海人的口味。何派鱼香肉丝一炮打响，红遍上海，收到了意想不到的效果，食客趋之若鹜。人们推崇蜀腴川菜馆的美味，也为了把蜀腴川菜馆的鱼香肉丝和其他地方的鱼香肉丝区分开来，就称之为"腴香肉丝"。

李老说，四川人鱼不可得，沾点鱼腥也好，所以鱼香肉丝这个名称很能吸引人；但这道菜辗转到了上海，卖点发生了变化——上海人吃鱼不成问题，再用鱼做诱引起不了作用，而用腴香肉丝这个名称，恰好可以覆盖鱼香肉丝，给人耳目一新的感觉。

这就是说，曾经有段时间，腴香肉丝是鱼香肉丝在上海的标准写法。

我问李老：既然腴香肉丝在上海那么深入人心，怎么后来又改回去了呢？

他解释道，一般人对"腴"字相对陌生，难写、难念、难意会；再加上"腴"与"鱼"谐音，他们就把"鱼"当作"腴"来写来念，这么一念，居然传了几十年。这样，"腴香肉丝"又慢慢变回"鱼香肉丝"了。

原来还有那么个故事。

这件事，为什么李老知道得如此清楚？因为李老正是何其坤的嫡传弟子。

说起腴香肉丝这个名字，我突然想到，除了影射"蜀腴"，其中是否还蕴含着另一层意思——腴，有肥沃、丰裕、肥胖等意思，腴和香并在一起，那就是很香了。可惜我这个"注疏"，属于猜测，无从考证。

我在《此处无鱼胜有鱼》中披露了徐正才大师的师傅沈子芳生前教他烧的"鱼香肉丝"，是以王少卿亲传的成都派一脉，具有"香辣酸鲜，略带甜味"的特点；那么，何派"腴香肉丝"，又有什么特点？李老总结说，色泽红亮，质感鲜嫩。特别是入口以后先有泡红椒的鲜辣，并伴有葱、姜、蒜的芳香微辛，接着是薄薄的甜酸鲜感，各味平均、回味无穷。

要达到何派"腴香肉丝"的色和味，需要把握以下几点：

第一，选料要严。肉丝应选用猪后腿部的弹子肉、坐臀肉。因为这个部位的肉质地鲜嫩，仅占后腿的三分之一；

第二，刀工精细。不论主料辅料都切成二寸长的粗丝，以保证外形美观，引起客人食欲。

第三，辅料要齐。当年何其坤烹制腴香肉丝所用辅料如泡椒、葱白、葱绿、姜丝、蒜头，都应配齐无缺。

第四，调料要准。何派几代传人，经过反复研究、调配、试烹，终于形成何派"鱼香味型"的调味配方。配方就是由泡红辣椒、酱油、盐、醋、糖、生粉、素油、鲜汤等组成。（笔者按：这个配方一定有量化指标，自然也具有秘籍性质，非人人皆知其中奥妙。）

李老作为何派川菜的正宗传人，对何派川菜开拓创新，使鱼香味型不仅用于肉丝，而且用于其他菜肴。当年李老主理绿杨村酒家，把鱼香菜系搞成供应川菜的主要手段之一，如冷菜有鱼香蚕豆等；热炒更是名目繁多，鱼香脆鳝、鱼香腰花、鱼香烧蛋、鱼香脆皮鸡、鱼香茄饼、鱼香菜薹、鱼香银芽等，达三十多种。

我相信和我一样喜欢吃鱼香肉丝的上海人不在少数。川派鱼香肉丝和海派鱼香肉丝，我都吃过，受江南水土熏陶经年，我还是比较喜欢"海派"鱼香肉丝。说得实在一些，是它的色彩和滋味，深合我意。以色彩论，红得深沉，亮得透明；以滋味论，辣中含鲜，酸中带甜。尤其是刀功细腻，烹饪有度。当然，我这是指相对好一些的烹饪水准而言，比如单位食堂、路边小铺之类，因其多有敷衍塞责、偷工减料之嫌，是不能和正宗川派鱼香肉丝相提并论的。

说起来也真是有趣，什么东西到了上海，不是脱胎换骨，就是改头换面，至少要让人产生已经摆脱了来自原乡的"粗犷"的印象，被贴上时尚的标签。现在，在上海餐馆里，正正经经点盆鱼香肉丝，完完整整把它吃光的情形并不多见。鱼香肉丝通常是作为"馅"，被包裹在一块如纸般的薄饼当中，或一张新鲜的菜叶当中，或一只小巧精致的窝窝头当中……由此完成一次华丽的转身。

我不知道这对鱼香肉丝来说是福还是祸。

灯影牛肉

二十多年前，我应邀到电视台下属一家杂志社帮忙审读稿件。主其事者很客气，发点饭票给我去食堂吃饭。我不搭伙，便拿着积攒下来的饭票去小卖部买些零食。小卖部货色不多，我既不喝酒也不抽烟，只看中一种吃食——麻辣牛肉丝。

一袋麻辣牛肉丝，总有一斤吧，真空包装，标价十八元。没有过多的油水，芝麻也少，味道极佳，堪称价廉物美。买回来，倒在一只广口瓶里，慢慢吃。做粥或泡饭的佐菜，顶顶合适。有了它，就可多吃一碗饭。最妙的是，无论家里有菜没菜，只要有这道"菜"，其他都不觉得好，唯其是瞻，独尊其丝，甚至偷偷地扒出一撮来，当零食吃，大有上瘾的意思。太太为此很不高兴，常常要予以"没收"，逼我改弦易辙。

辞掉杂志社的编务后，麻辣牛肉丝的来源就成了问题，心里念念不忘。恰好中环百联开张，底层有家熟食店，也卖这种麻辣牛肉丝，散装。质量还不错，就是油多；而且，大概是物价上涨较剧，半斤相当于过去一斤的价……就这点念想，还犹豫什么，买吧！

一段时间里，我成了中环百联的常客。

然而，自从中环百联取消了免费停车，我就懒得去了，自然与麻辣牛肉丝作别。

也巧。有一回，突然发现居家附近的大卖场里有卖一种麻辣牛肉丝，一大袋里装着二十小袋，给出的名称是"灯影牛肉"。啥意思？推想，透过牛肉丝可以看见灯光吧，说明做得极薄。可是，一根牛肉丝里看灯光，比一滴水里见太阳，难度大了去！也许，说它是"灯草"牛肉或"灯芯"牛肉更为合适。虽然觉得它的名称有点过于夸张，但人家用了这个概念，创意还是不错的。

有一段时间，饭店里的冷菜，就有灯影牛肉。风行几年后，至今已经好多年不见它的"尊容"。每当看到餐桌上摆放着一道冷冰冰、干乎乎的白切牛肉，我就想：为什么不上灯影牛肉呢？

"灯影牛肉"的概念，就这样一直被死死地钉在了脑子里，直到有一天"水落石出"。

那天，成都的小朋友打来电话，说给我快递了一个包裹，是吃着玩的东西。

拿到快递，打开，见里面是一堆马口铁做的罐头，上面写着"灯影牛肉"四个字。我没在意，因为可以想象它们的模样，就放下了。过几天，馋了，忍不住拿出一来，撬开，傻掉——

完全不是我以为的那种麻辣牛肉丝的样子，而是一片一片的，就像是一大块写字用的塑料垫板被无意中弄坏，碎成了一小块一小块。用筷子撷出一块，立马震惊，透过还滴着香油的表面，窗外灿烂的阳光似乎毫不困难地扑到眼前！透明？对，透明！当然，其透明程度还不足以媲美玻璃，但一块牛肉，被处理得那么薄，令人不可思议。

忽然想到，所谓灯影牛肉，该不会就是指这个？其他如牛肉丝被冠以"灯影"两字，疑似李代桃僵！

由于这款灯影牛肉做成一块块如指甲般大小，又做得比云片糕还薄，而且还"坚韧不拔"，味道嘛，不客气地说：没味道。我们可以想象，要在这样面积、这样厚薄、这样材质的条件下把味道烧进去，几乎是不可能完成的任务。如果没有浸润在由辣油和豆豉组成的汁液里，恐怕吃到嘴里就只有咀嚼塑料硬片的感觉了。

声明一下：我丝毫也没有贬低这款"灯影牛肉"意思，我想说的是，做到如此程度的牛肉，除了"炫技"之外，给予食者的实惠真是不多。

好几次，我试图用筷子把罐头里的灯影牛肉撷出来吃，失败了多次；有一次发了狠心，竟是直接用手指把它抠了出来！它太薄了，太小了，再加上没有一点"可塑性"，操作它十分费劲。

怎么吃它才最是物尽其用？我琢磨出了一个比较不错的办法：把它夹在馒头或面包片里。

成都的小朋友特地来电说：罐头的灯影牛肉比塑封的灯影牛肉贵哦！

这是毋容置疑的，可是，在我看来，罐头灯影牛肉太脱离群众啦。

由于对灯影牛肉发生了一点兴趣，我有意识地去找一些材料，发现，所谓灯影牛肉，其实很有来头。

据说，唐代诗人元稹在通州（并非北京或南通的通州，而是四川达州）任司马，时常到一家酒肆小酌。有一次，他看到下酒菜中有一道菜，肉片较大，但薄如蝉翼，半透明，便用筷子夹起，贴近油灯，只见牛肉片里的纹理竟在白壁上清晰地显现出来，马上联想到当时京城常演的"灯影戏"（即皮影戏），当即把这款牛肉片命名为"灯影牛肉"。当时，元稹是和白居易齐名的大诗人，人所共仰，等于为"灯影牛肉"做了一次广告，这道美食很快便流传开来，遂成名菜。

这则掌故告诉我们：一、灯影牛肉的故乡在四川达州（旧称通州）；第二、灯影牛肉原本是肉片；第三、灯影牛肉的形状就像用驴皮做的"皮影戏"道具（皮影戏的原理，是在蜡烛和油灯等光源照射下，把兽皮或纸板做成的人物剪影投射到幕布上进行操纵的傀儡戏表演）。元稹只是命名，那么它是怎么做出来的呢？

有个传说是这么描述的：清代光绪年间，四川梁平县艺人刘仲贵（也许是皮影戏艺人——笔者）流落达州，生活没有着落，就以烧腊、卤肉为业。可是其生意并不红火，原因是他做的牛肉片又硬又厚，令人难以咀嚼，而且极易塞牙。他冥思苦想，竟然从皮影当中获取灵感，对牛肉片大加改进：先把牛肉批得大而薄；再腌渍使之入味；然后用火烘烤，最终淋上香油出菜。由于嫩酥香浓，食者哄抢，刘氏的灯影牛肉，成为当地人竞相效仿的对象，达州于是成为"灯影牛肉"之乡。

可是，问题来了：何以牛肉丝也可以冠以"灯影"两字？很多人想不通。

我曾经看过中央电视台的一档节目，就是讲如何制作"灯影牛肉"，过程比上述文字复杂得多。大致是：一、选用牛后腿上的腱子肉，去除浮皮保持洁净，批成大薄片；将牛肉片铺平理直，撒上炒干的盐，裹成圆筒形，晾至牛肉呈鲜红色。二、将晾干的牛肉片平铺在烘炉内的钢丝架上，用木炭火烘约十五分钟，直至牛肉片干结；然后上笼蒸约三十分钟；取出，切成四厘米长、二厘米宽的小片；再上笼蒸约一小时半取出。三、炒锅烧热，下菜油，至七成热；放姜片炸出香味、捞出；待油温降至三成热时，将锅移置小火灶上，放入牛肉片慢慢炸透；滗去约三分之一的油，喷入绍酒拌匀，再加辣椒和花椒粉、白糖、味精、五香粉，颠翻均匀；起锅晾凉，淋上芝麻油。

注意，这还没完。最后一道工序是：切丝。

不错，我们现在看到的"灯影牛肉"——丝絮版，是后期加工出来的，想必很花了一番功夫。所谓"灯影牛肉"（片），其实是"灯影牛肉"（丝）的"后台"。因此，从理论上说，"灯影牛肉丝"和"灯影牛肉片"，是一回事，统称"灯影牛肉"不妨。

如果这还没有说服力的话，我又找到一条"证据"。

在四川达州，有一个专做灯影牛肉的著名企业，叫"国营达县灯影牛肉厂"（1958年由四家大型灯影牛肉厂合并而成），它出产的灯影牛肉，名声最好，商标就是"灯影牌"。那就是说，凡是该厂出品的，都可叫"灯影"牛肉，自然，不管是片或丝。

"灯影牌"牛肉曾经盛极一时，上世纪八十年代，被国家领导人作为出访国外赠送外国朋友的礼物；也被人民大会堂和钓鱼台国宾馆作为指定国宴用品。

可是，这个品牌的灯影牛肉现在已经衰落，厂房成了堆放瓷砖的货场，商标拍卖无人问津……原因是：工厂的加工技术保密不善，广为散布，以致仿制盛行；再加上为一点小利，商标和品牌被随意出租，造成鱼龙混杂的局面。

创立一个好品牌需要一千年（从元稹算起），毁掉一个品牌只要几年（2003 年起品牌出租，2008 年品牌拍卖），这个曾经辉煌的品牌灯影牛肉，就像一盏孤灯，一缕淡影，竟然如此不堪一击，一病不起！

　　是的，我喜欢灯影牛肉，但在我所有拿到手的，无论袋装还是罐装，林林总总十几种，但商标上都没有"灯影"两字。

　　悲夫！

跷脚牛肉

走成都—泸州—峨眉—乐山游线，一路可见公路两边店家，大书"跷脚牛肉"的店招，其中尤以乐山为多。

跷脚牛肉？是有个脚跷的人开的牛肉店，还是那头牛残障后被宰杀做的牛肉？如果是前者，令人不解：难道这些地方有那么多的跷脚人？如果是后者，同样令人怀疑：难道这些地方有那么多的残障牛？

一路看去，起先以为"跷脚牛肉"如上海不时可见的连锁性质小餐馆。不久发现，所有"跷脚牛肉"，门面装潢五花八门，各行其是，才觉得不大对头。莫非如"重庆鸡公煲"般大家共用一个名称却各做各的生意？

由于旅行社安排食宿，竟然一直和"跷脚牛肉"失之交臂。最后一日，我忍不住和导游商量，吃饭时是否添只"跷脚牛肉"？我看得真切，导游脸上露出了一丝不易察觉的不屑。我相信，也许她的"不屑"，只是觉得"这种东西你们也要吃"？这倒让我这个倡议者心里有点忐忑。

最后一天，导游把一行人带到乐山最负盛名的美食街。

这条街，两边都是就餐者停泊的车辆，只剩中间一条窄窄的通道，让我们的大巴很不好走。经过一番穿插迂回，我们终于到达导游指定的一家看上去像个人名打头的餐馆。导游说，很多有身份的人都喜欢到这家店请客吃饭。我们算是有身份的人，还是让我们体验一下"有身份"的感觉？天晓得。

我开始猜想，这跷脚牛肉该是怎样的一种牛肉？像，灯影牛肉？沙嗲牛肉？陈皮牛肉？五香牛肉？黑胡椒牛肉？咖喱牛肉？……

服务生小心翼翼地端着一只大碗过来，一副生怕里面的东西晃荡出来的样子。难不成是牛肉汤？落定一看，差不多。只见大碗里盛着很宽的汤水，汤面上漂着香菜末，至于汤里究竟有点什么，一时看不大清楚。用筷一捞，明白了：牛肉、牛舌、牛肠、牛筋、牛腩、牛耳、牛肺、牛肝等等。初步判断，所谓跷脚牛肉，基本上是牛杂汤的异名。

一尝，马上发觉跷脚牛肉有个比较特别的地方——不辣。这在四川地界上显得非常突出。川菜必辣，是误解，事实上，有相当一批传统川菜是不辣的。但时至今日，川菜被严重概念化了，川菜的关键词便是"辣"，于是，那些流行甚广的川菜变得不可能不辣了。不辣，哪里会是川菜呢？人们都这么想。像跷脚牛肉，作为四川乐山地区的代表菜肴，而且还是大菜，居然不辣，实在令人无法相信。

其实，跷脚牛肉虽然不辣，却是有备而来，服务生通常会提供两个碟子：干碟和汤碟。所谓干碟，是碟里放着辣椒面：用本地红辣椒在锅里烘干，然后舂成细末，加上味精和盐等；所谓汤碟，是在碟里注入高汤，或加入豆腐乳，或加辣椒。食客随遇而安，率性而为。

跷脚牛肉左右逢源的特质，自然受到来自全国各地的食客追捧。

一碗跷脚牛肉，看上去很简单，连油花也少见，一尝，滋味浓厚。原来，要做成一味地道的跷脚牛肉，需要配备很多香料，比如白芷、桂皮、香草、茴香、砂仁、白蔻、丁香、甘松等二十几种（以前还有加罂粟壳的）。用这些香料和牛肉熬成底汤，自然鲜美无比。而所有牛杂，切成碎片，长宽均匀，不超过二指宽；不薄不厚，控制在二毫米左右。以这样的标准来操作，可以最大限度地保证这道菜的品质——杂而不乱，清而不淡，嫩而不烂，脆而不梗。

传统跷脚牛肉，一般有两种做法：一是把牛杂装在一只小竹篓里，放入滚烫的底汤里汆一下，然后倒入碗里，浇上牛肉汤，撒点芹菜或香菜，再蘸着干碟或汤碟吃；一是火锅吃法，把各种调料和牛杂煮成一锅，然后起出牛杂，蘸着干碟或汤碟吃。我吃到的跷脚牛肉，既不是前者，也不是后者，更像是把牛杂放在一只大锅里烧煮，之后，只要有客人点，厨师当即舀出一碗应市。我不知道这样的跷脚牛肉可不可算是一种流派，还是被人故意简化了程序，以便达到利益的最大化？但你不得不说，跷脚牛肉，有特点，好吃。所以，我们吃了一碗之后不过瘾，又叫了一碗。

一道普普通通的牛杂汤，怎么会和"跷脚"挂起钩来呢？我所知道的说法各种各样：一说从前就餐条件极其简陋，仅有一方桌而已。顾客一脚支地，一脚置于桌子横撑之上，作跷脚状，以求平衡；一是因为这道菜太好吃了，顾客情不自禁地把脚跷了起来；一是生意兴隆，很多人坐不到位子，干脆就坐在门口的台阶上跷着二郎腿捧着碗吃……反正，和任何生理上的残障没有关系。

就历史而言，跷脚牛肉发源于乐山苏稽镇。据说，清代光绪年间，古镇怀苏（即今苏稽）周郎中之母，用祖传秘方烹制牛肉、牛杂，味道绝佳，且有一定的驱寒止咳、祛疾健身之效，哄传四方。

又传，上世纪三十年代，当地老百姓贫病交加。有位精于医道的罗老中医，怀着济世救人之心，在苏稽镇河边埋灶煮药，治病救人。一天，他看到一些大户人家把牛杂扔到河里，觉得甚为可惜，就捡了回来，洗净，放到汤锅里与药同煮，哪知香味远播，既好吃，又治病，于是前来品尝者络绎不绝。由于来的人太多了，无座可坐，于是食客或站或蹲，或直接坐在门口的台阶上跷着二郎腿端着碗吃。后来，人们给这道美食起了个非常形象化的名字——跷脚牛肉。

跷脚牛肉已经成为乐山的名片之一（乐山最大一张名片是乐山大佛）。观乐山大佛，吃跷脚牛肉，成为到此一游的人的"必修课"。

有报道说，前几年，有个"跷脚"的商标持有人状告另一家跷脚牛肉馆，要求停止使用"跷脚"两字，引起大众关注。而被告律师称，"跷脚牛肉"这个名称很早就有了，是一个区域性的通用名称。根据相关条例，注册商标中含有通用名称的，注册商标专用权人无权禁止他人使用，比如过桥米线等等。

从一路上看到众多"跷脚牛肉"店招依然我行我素，我估计这桩官司最后是不了了之的。

舌游贵州

如果你只是去了北疆或南疆，有人问起，就不要轻率地说"去过新疆"了。由于南疆和北疆的风物，大不一样，彼此无法替代，因而也就不能"窥一斑而知全豹"。贵州的情形大抵如此。以贵阳为分水岭，黔西南（含北）和黔东南，风土人情，很不相同，所以，只到过一处者，慎言"贵州"。

考量黔东黔西的饮食状况，既有一致，也有区别。我于四年前，沿当年红军长征之路及安顺一带游走一过；今岁，又深入黔东南少数民族麇集之地，见识增厚，对此大概可以略微"信口雌黄"两句。

当年黔西南（含北）之行，得到当地有关部门的优待，于饮食上照拂甚细（此亦使我等失去机会以体验原汁原味之地方风味），竟不觉有何特别隔膜。令我印象深刻者，是无处不在的腊肉和折耳根。腊肉，色香味形均佳，水准一流；折耳根，名气很大，不吃不足以显示高明，唯其纤维粗、味道腥，让人敬谢不敏，结果做了一回好龙的"叶公"。还有四点，不可不提，一是黔人酒具甚伟；一是乌江鱼鲜美无比；一是花江狗肉的店招遍地；一是黔人无辣不欢。

这回跑黔东南，腊肉和折耳根没少见，但，"还有四点"，则"稍逊风骚"了。虽然苗族姑娘那种"管你喜欢不喜欢也要喝"的执著，已成常态，但充其量"一牛角"（一两许）而已，更兼村醪寡味，无以窘吾等"准酒徒"也。乌江鱼、花江狗，非当地特产，自然少见。辣椒串串，悬于窗牖门楣，饭局上似乎没有被辣倒者，可怪。难道主人家宅心仁厚，有意不使一帮吃惯甜腻的江南客难堪么？

总之，黔东南的饮食比之黔西南（含北），更具原生特点——土气，粗糙。这或许是经济不发达、交通不便引起的相对闭塞使然。因此，真正能够怡然接受那种"原生味"的外来者，实在不多。举一例，在台江施洞苗寨体验苗家姊妹饭，"绝粒而坐"者不在少数，原因，是那里所有的食物几乎都不作刻意烹调，白水煮焯，捞起装盆，淡而无味，让惯于吃香喝辣、讲究滋味的上海客人望而生畏。

这是一个极端的例子，当然不足以完全代表黔菜。

此行，我做了一回有心人，把自以为既不失地方特点又能体现黔菜烹饪技术的几个正规饭店的饭局（少数民族村寨饭除外），特别留意了一下，抄录了几份菜单：

凯里侗家寨的招待晚宴，计有：天目笋肉片、炒豆渣、素瓜豆汤、酸汤菜、腌鱼腌肉、西红柿炒南瓜片、蒸芙蓉蛋、侗家脆笋红烧肉、侗家大丰收、糯米饭、侗家浸双菇、鸡稀饭、侗家霸王骨、糖醋莲花白、老鸭汤、蒜泥蕨菜、活水豆腐、蒸腊肉等。

铁溪度假酒店的户外餐厅，计有：清炖鸡、道菜肉、脆皮双波盒、炒蕨粑、潕阳河小鱼、芙蓉蛋、清炒苦瓜、渣辣子、炒时蔬、家常豆腐、西红柿南瓜、红烧肉炖土豆、糟辣脆皮鱼、红苕等。

还有，贵阳市区一家饭店提供的菜单是：板栗蒸鸡、状元蹄、米豆腐、枣泥卷、萝卜皮、豆腐圆子、红烧鲈鱼、宫保鸡丁、鸡汁豆腐皮、烧三鲜、腊味合拼、私房三绝、小米渣、时蔬、糍粑稀饭、小瓜丝肉末、鱼汤豆腐等。

从上可以看出，真正能体现贵州物产的菜肴并不多，烧法也简单，像豆腐、西红柿、南瓜、小米、河鱼（甚至有我们熟悉的昂刺鱼）、腊肉、野菜（蕨菜、折耳根）、豆渣等，成为主力，可以想见黔地出产颇俭，不像有美食胜地的气象。有人对贵州菜作为一种"菜系"而存在不以为然，这不能说没有一点道理。只是，它的整体感还是非常强的，所以，在中华料理当中应该有一定的地位。

其实，贵州菜里还是有拿得出手的名品，比如八宝娃娃鱼（野生濒临绝种，所售多为养殖），其制作颇为讲究：把娃娃鱼放入木桶，注入沸水，鱼受热在桶里挣扎，自行擦除身上黏液，且鱼血未能放出；切块，与火腿、瑶柱、鸡片、冬菇等"八宝"，在油锅中爆炒后上笼蒸透，出笼后撒胡椒淋麻油即成。还有一道便是凯里的酸汤鱼：用特产的糟辣椒和众多富于滋补的草药，加西红柿，熬成好吃的酸汤，然后下入洗净的活鱼（清水江产）炖煮。据说凯里乃全球闻名的长寿之乡，不知是否和食酸汤鱼有瓜葛。

记得那天晚餐之后，黔东南州旅游局的长官，请我们几个"余勇可贾"的馋痨胚在潕阳河边的大排档吃酸汤鱼。我自以为此菜比起乌江鱼逊色不少，筷头延宕，而邓大姐则左腾右挪，深入浅出，连呼好吃，不亦乐乎。莫非她想要为自己那百岁之期打个坚实的底子？

"管你喜欢不喜欢"（苗家姑娘语），贵州菜的土，贵州菜的野，贵州菜的简单，贵州菜的草根性，自成一格。要不然，你就无法理解贵州菜在上海等大都市之所以至今还牢牢占着一席之地的奥妙。

体验"红军餐"

有人在进行了"红色之旅"后，感慨说，从旅游角度说，红军走的地方，可都是好地方啊！

这是有道理的。因为当年红军要摆脱敌兵围追阻截，大都选择穷乡僻壤、山高水急之域，而在现代人看来，那些原生态地区，如今很有价值了。

美景是否与美食同行？未必。就红军长征的经历而言，味觉享受要比视觉享受差多了，红米饭、南瓜汤还算好的，最糟糕是吃皮带或野菜，而那些东西，无论如何不能算是美食。不过呢，有几样东西，现在仍有人在吃，而且颇有号召力，虽然它们实在称不上山珍海味。

贵州是红军长征路线图当中非常重要的省份，我前面提到的"几样东西"，在贵州境内恰恰都有，还和红军结下了很深的"缘分"。

我们对于赤水河并不陌生，红军"四渡赤水"的故事太有名了。印象里，好像赤水如何宽阔如何湍急，其实和长江、黄河甚至和黄浦江相比，它只是一条平缓安静的小河，和苏州河差不多。远远看去，赤水河就像一条碧绿的玉带缠绕山间。也就是说，它是比较清澈的河。因为这个原因，在这条河的沿线，开了许多酒厂，茅台酒厂是其中最出名的一家。

长征时任红一军团二师四团政治委员的杨成武，在《忆长征》一书中写道："……此后，我们又发扬连续作战的精神，攻打遵义之西的鲁班场守敌，打了一夜，未彻底解决，又奉命转移到茅台镇。著名的茅台酒就产在这里。土豪家里坛坛罐罐都盛满茅台酒。我们把从土豪家里没收来的财物、粮食和茅台酒除部队留了一些外，全部分给群众。这时候，我们指战员里会喝酒的，都过足了瘾，不会喝酒的，也都装上一壶，留下来擦脚活血，舒舒筋骨……"

另据长征时任红一方面军工兵连连长的王耀南回忆："毛泽东同志的警卫员陈昌奉同志和周恩来同志的警卫员魏国禄同志同时来到我面前，拉着我的手小声地说：'王连长，能不能弄点茅台酒擦擦脚？'……我们把竹筒扛回小树林的时候，首长们正围在一棵大樟树下研究部队下一步的行动，地上还摊着一张大比例尺军用地图。毛泽东同志见我们走来，问：'你们扛的么子？'陈昌奉同志回答说：'王连长弄了点酒，给擦擦脚，驱赶疲劳。'毛泽东笑了笑，说：'茅台是出名酒的地方，不过，都擦脚太可惜了……'"可见茅台酒对于中国革命，是作出过贡献的。难怪红军将领，比如许世友等，对茅台都情有独钟。

新中国成立之后，周恩来总理鉴于茅台酒产量不高，专门指示再造一个茅台酒厂复制茅台酒。据说当时方毅副总理带了一批人把茅台酒的所有流程工序和设备，甚至制酒的老师傅都带走了，连茅台酒厂的灰尘也装了一箱子带走（因里面有丰富的微生物，是制造茅台酒所必需的），在茅台镇附近到处找。找了五十个地方，最后在遵义找到了一个山清水秀、没有工业污染的地方，把茅台酒的流程工序全部展开，可惜没能成功。虽然土壤、水源等条件相似，但没用，气象条件不同也不行。

如今，茅台酒的产量还是跟不上需求量。前几年我去茅台酒厂参观，见那里贮酒仓库里尽是一个个巨大的酒缸，上面贴着封条，写着"总后订""总参订"字样，说是要等祖国统一后取用。原先这个仓库不过是铁将军把门，后来听说外面加了岗哨。想想也是，仓库里的酒价值连城，等于一座银行，怎么能不特别关照呢？

幸运的是，茅台集团前董事长季克良热情好客，特地让宣传部长拿了两瓶"值得收藏"的茅台酒送给我以资纪念。这是那次"红色之旅"中最大的收获。

《突破乌江》是"文革"前的战争片，以前逢重大的革命纪念日，电视里总要再放映一回，里面有些场面惊心动魄。确实，乌江江面不宽，水流很急，极难横渡。当年红军能突破乌江，若没有百折不回的英雄气概，完全可能做了"石达开第二"（石是为大渡河所阻而败）。乌江出产一种鱼，俗称"乌江鱼"，做成酸菜鱼或沸腾鱼，极其滑嫩可口，有港商尝后，意犹未尽，居然用水桶装之，航空托运回家。乌江两岸，食肆林立，却无一不做乌江鱼的买卖。乌江鱼之鲜美，想必当年红军不会错过，它们给缺少食物缺少营养的红军带来的惊喜是不言而喻的。

贵州境内，有两大野菜闻名天下，一是蕨菜，一是蕺菜。蕨菜非常粗粝，一般人吃不惯。其实蕨菜倒是大有来头。《诗经·召南》曰："陟彼南山，言采其蕨。"其入馔甚早。中国史上的洁行之士伯夷、叔齐不食周粟，跑到首阳山，赖以充饥的就是蕨菜。西汉初年的"四皓"年高德劭，因避秦乱，隐居商山，也是采蕨而食。它自然也是红军时代的"宠物"。现在许多餐馆，尤其外地的，都有这道菜。不知是因为油腻吃得太多了想换换口味，还是忆苦思甜，继承和发扬红军的光荣传统？

比蕨菜更牛的，是近几年不断蹿红的蕺菜，一名鱼腥草，也叫折耳根。它是鱼腥草中嫩嫩的那段根茎，吃来爽脆，故名。折耳根在西南一带风行，四川、贵州尤盛。据说贵州有八大怪，其中"草根当青菜"之"草根"，就是折耳根。贵阳名吃"恋爱豆腐果"、遵义名菜"折耳根炒腊肉"，都少不了它。我在贵州吃过折耳根，鱼腥气冲鼻，吃口硬涩，难以下口。不过，据传邓小平很欣赏它，给予过高度评价。这道菜，上海的黔菜馆子是常备的，如果你准备体验一下"红军餐"，蕺菜是必点的。

"红军餐"未必可口好吃，但肯定有营养，自然不仅仅对于身体，还有人的精神。

小二大燕

日前,《北京日报》驻沪记者站主任卞军卞老师,设饭局请一些做媒体的上海朋友一起探讨"京派和海派文化的异同"。地点,既不在全聚德、鸭王、老北京,也不在燕云楼、北京饭店,而在离记者站不远的一幢商务楼里的一家湘菜馆。

这是一件让人费解的事儿。能够推测出的原因是人头熟。此外,也许,探讨"京派和海派文化的异同",应该在北京和上海之外的"第三方"进行才能显得"不偏不倚",就像"朝核六方会谈"、证券业务里的银证"第三方存管";或者什么都不是,是我们想得复杂了?

地盘是上海的,菜肴是湖南的,北京的元素在哪里?不用担心,卞老的一张嘴,就是北京的名片儿。所谓探讨"京派和海派文化的异同",事实上变成了"南北段子大交流"和"舆情互通",可谁又敢说这不是一种富有地域色彩的文化沟通?

不过,卞老究竟是"驻沪"十几年的老江湖,不拿出点京城作派岂能甘休!尽管地、菜和北京没啥关系,但酒却得喝地道的"京味"，这就是卞老为之得意的"小二大燕"。

据说现在北京人请客吃饭喝酒，最时尚的，要上"小二大燕"，即小瓶装的"二锅头"、大瓶装的"燕京啤酒"。"小二"乃是正饮，大燕只作"漱口"。你要摆谱儿、撑场面，喝茅台喝喜力，没人拦着；北京人认你是"哥们儿"，非"小二大燕"不足以证明自己"实诚"。

闲话少说。当"沪站"的一位小伙子把一瓶瓶巴掌大、扁平的"小二"发到诸位手上时，我很兴奋：一是，正巧前一日晚上看电视，里边两个穿着西装的俊男拿着"小二"喝开了，不是在饭店，也不是在饭局，有点模仿从前"老克勒"从西装贴胸口袋里取出的一件铜制扁酒壶，悠悠地喝一口的潇洒，心想，二锅头被"时尚"了，哪天也弄一瓶玩玩，结果二十四小时不到就心想事成，神奇；二是，听北京"侃爷"神聊，不以北京的酒水佐之，没劲，现在如愿以偿；开心；三是，按赵本山的话来说，那酒属于"这个可以有"的范围，一瓶才三元，主人不失面子地劝，客人毫无顾忌地要，彼此没负担，轻松。

稍有遗憾的是，"大燕"没得买，记者站库存已清空，十三十四次（京沪列车）还没捎来，只能叫"大红袍"。我以为应该上壶香片或高末才体贴入微。有一点我还是佩服卞老：没有"大燕"，也罢，决不让洋啤庖代。真有"气节"，不易啊。

以上是我应别人"招饮"而经历的一件极小的事情，印象却很深刻。联想到近日黔贵之游，每到一地，人家拿给我们喝的都是地域色彩十分鲜明的酒水。即使是一般乡野难以措手的啤酒，也只上"茅台啤酒"。犹忆四年前到黔西南黔西北一带，即使到了茅台酒的故乡仁怀，人家不是让你"茅台"到底，也请你尝尝"不比茅台差"的酒水；离开茅台，那就贵粮、董酒、习酒轮着来。要说人家在喝酒上面"节约成性"，打死我也不信，他们只是对于家乡的物产有感情并且负有推广的责任心罢了。

在其他省市，这也不例外。

有个问题，没想通，想提出来请大家议一议。倘若请外地朋友吃饭，你准备请他们喝什么酒品什么茶？水井坊、茅台、五粮液、龙井、碧螺春……没问题，但都不属于"上海户口"；但如果人家有心要尝尝有点上海气息的酒水，怎么办？白酒肯定不行，红酒也不干上海什么事儿，啤酒净是合资的，上海人喜欢喝哪种茶又有谁搞得清楚？好像现在黄酒还能和绍酒有得一拼，让人不耐烦的是上海品牌的黄酒有点让人眼花缭乱，一会儿是和酒、依好，一会儿是石库门、屋里厢……林林总总不止十种，名称看上去倒是上海味十足，可真正叫得响又能作为"酒代表"的，几乎没有——好名声好品牌都让我们自己火拼掉了。

确实，"小二大燕"，论档次都不高，论名头却是倍儿响。

它虽然是草根的、胡同的，但因根扎得深、面撒得广，所以成为了"北京"的LOGO之一，甚至连我们这些有点"海派文化"优越感的上海人也觉得这些东西够味道，要给予"增持"的评级，应该说有其必然性。

由此看来，那回卞老借探讨"京派和海派文化的异同"之名，行寻欢作乐之实，不见得一点谱也不靠，因为它确实引发了我们对于地域文化现象的思考。用卞老的口头禅来说就是——没错儿！

洛阳水席

洛阳为中国七大古都之一，又有"九朝古都"之称。洛阳牡丹、龙门石窟、洛阳水席是洛阳人引以为豪的"三绝"。到洛阳，不看牡丹，白来；不游龙门石窟，白来；不吃水席，白来。不看牡丹，或许情有可原，"好花不常开，好景不常在"，好花没那么候分掐数地等着你；不游石窟，那就说不过去了，洛阳名为古都，真正能看的东西全埋在地下，地上的没几样，连龙门也懒得去，又何必去踏古都软尘呢？不吃水席，有点"被遗憾"，毕竟这是个"群体性事件"，不像吃北京烤鸭，孤零零在前门全聚德凑热闹，不怕，不就是三个可降解的泡沫盒子摆成一桌嘛：或盛汤，或盛鸭子，或盛薄饼作料，吃完，一抹嘴，走人；即使在上海小弄堂口吃，照样可以理直气壮地说：北京烤鸭，吃过啦！但有人若说吃过洛阳水席，那就一定到过洛阳（别的地方不侍候），而且食客总在十人左右（人少不成席），吃还是不吃，不是想不想，而是你做不做得了主。

所以，那些所谓去过洛阳的人，一般而言，除爬几级台阶与大佛合个影之外，和其他"两绝"多半要拗断。是亦为"绝"之谓也。

三缺二，好比做 100 分或 150 分的卷子，只回答了三分之一，随便怎么算，总是不及格。所以，倘若有人声称到过洛阳，首先应该考量他是否过了"及格线"。

这回我到洛阳，已是深秋，花期已过半载，闻名天下的牡丹不会因我重开，先天已缺一憾。"龙门"自然要去"跳"一下，"世界文化遗产"哦，终归不肯放弃。那就一比一，打个平手。于是，吃不吃水席，就成了重要的砝码，吃，天平就倒向"到"的一面，否则"去而不到"，白来。

我们决心要尝一尝，尽管只有五个人。

跟导游提要求，她表示为难：一是人少，一桌菜吃不了；二是洛阳专吃水席的名店"真不同"须提前预订；三是人家接待的都是满满当当的一桌人，像我们这种散兵游勇是不待见的。怎么办？最后决定去号称"不在'真不同'之下"的"福王府"。据说，那里才是洛阳本地人喜欢去的地儿。在洛阳人眼里，要吃名气，去"真不同"，没错；可要吃得舒服、实惠，不去也罢，否则难免成一大傻，和冒失地去北京全聚德、西安老孙家一个下场。当地人这么说，我们姑妄听之，反正从来没有品尝过，好坏不辨，是非不分，心里倒也踏实。更重要的是，我们要去的那家，机制很灵活，愿意为我们操办一桌微型水席——小水席：保留精华和核心的菜肴，剔去那些充数或相似的冷菜热炒。

此合吾意。孔子曰："周监于二代，郁郁乎文哉，吾从周。"洛阳，正是周朝的都城。我们没有理由和人家硬拧。

按下此节慢表，先撩一下洛阳水席的神秘面纱。

所谓洛阳水席，是当地一种独特的宴席形式。水席的意思，一指全部热菜皆有汤，看上去汤汤水水的；二指吃完一道，撤了之后再上一道，像流水一样。从前有"铁打的营盘流水的兵"，以之观照水席，当作"铁打的吃客流水的菜"才有意思。为什么洛阳会流行水席？原来与其地理气候有很大关系。洛阳四面皆山，地处盆地，干燥寒冷，用汤水和酸辣来抵御干燥寒冷。水席，那是一种自然选择的结果。

传统的洛阳水席，全席二十四道菜，即八个冷盘、四个大件、四个压桌菜。为什么是二十四道？相传唐代天文学家、星象学家、预测家袁天罡（著有《五行相书》《推背图》等书），早年夜观天象，知道武则天将来要当皇帝，便设计了这个大宴，汤汤水水，干干稀稀，影射武则天二十四年的干系（稀），这也正应了武则天从永隆元年总揽朝政到神龙元年病逝洛阳上阳宫的二十四年。

二十四道菜上桌，章法有序，纹丝不乱：先摆四荤四素八凉菜（作为下酒菜，每碟荤素三拼，共十六样），接着上四个大菜

（每上一个大菜，带两个中菜，名曰"带子上朝"）。第四个大菜上甜菜甜汤（后上主食）。接着四个压桌菜。最后送上一道"送客汤"。

水席二十四道菜，具体名目言人人殊，但如牡丹燕菜、料子全鸡、西辣鱼块、油炒八宝饭、洛阳肉片、米粉排骨、洛阳大腰片、炖鲜大肠、生氽丸子、五彩肚丝、条子扣肉、洛阳水丸子、蜜汁红薯、山楂甜露、焦炸丸子、鸡蛋鲜汤、假海参之类，八九不离十。

水席当中最值得一说的是牡丹燕菜。看字面谁也搞不清这道菜究竟为何物。其实，它不过是不折不扣的萝卜丝汤！有关它的典故是这么说的：武则天当政时期，洛阳东关下园长出了一个巨大的萝卜。老百姓认为此兆丰年，将它进贡。武则天大悦，嘱御厨烹制。萝卜既非山珍又非海味，如何措手？御厨们面面相觑，但慑于皇帝淫威，绞尽脑汁，想出将萝卜切成丝，再佐以山珍海味，终成一道佳肴。武则天一尝，觉得颇具燕窝风味，非常欣赏，赐名为"假燕菜"，从此流传开来。

后来"假燕菜"越做越精、越来越上档次，工艺也不断改进。厨师们先把萝卜切成寸半的细丝，用冷水浸泡后再用绿豆粉拌匀，上笼蒸后，晾凉入温水泡开，捞出后加入海米、肉丝、鱿鱼丝、海参丝、蹄筋丝、玉兰丝、鸡蛋、香菜、韭黄等，再在高汤里烹制。其味道酸辣鲜香、别具一格，汤清口爽、营养丰富，成了洛阳传统名菜，所以又称其"洛阳燕菜"。

至于"洛阳燕菜"何以变身为"牡丹燕菜"，也有一则掌故可作谈资。1973年国庆期间，周恩来总理陪同加拿大总理特鲁多到洛阳游览。当地名厨王长生、李大雄特地为尊贵的客人精心做了一道传统大菜"洛阳燕菜"（即假燕窝），并用蛋皮雕成一朵牡丹花，放在燕菜上面作为装饰。看到色泽夺目的牡丹花浮于汤面之上，宾主齐声喝彩。周总理笑赞："菜里开牡丹了。"于是人们就把这道菜叫做"牡丹燕菜"。

细心的人也许会发现，不是说洛阳水席共有二十四道菜吗，如果算上最后一道"送客汤"，岂不是变成二十五道了？

坊间传说，武则天临死，仍然惦念水席美味，只是有点神志不清，上到最后一道菜，居然不识此菜，便问左右："此为何菜？"答曰："丸子。"武则天把它听成了"完之"，痰迷心窍，竟然一命呜呼了。因为这最后的一道菜总让人想到武则天和她的死，心绪未免黯然，人们就在它后面加了一碗鸡蛋汤作为殿后。蛋汤既可解荤腥油腻，又状如黄袍金锭，颇有趋利避害的功效，遂成菜外之菜，正好比考试附加一道送分的题目、买房子送阁楼，皆大欢喜。

依我看，事情没那么完美。有没有想过，"丸子"与"蛋汤"接踵，岂不有"完蛋"之嫌？这最后的一道菜，说不定暗示大家吃完了不要恋栈，早点滚蛋呢。有什么可乐的？

洛阳水席有三大特点：一是有荤有素，有冷有热；二是有汤有水，有南有北；三是有条有理，有秩有序。也就是说，几乎所有的人均能找到合自己口味的菜肴。

真是如此吗？未必。比如南方人不会很习惯水席以酸辣为主的寻味取向。

我们品尝到的小水席是否是大水席的"具体而形微"，因为先前没有经验，无从判断。它们是：牡丹燕菜、古都熬货、酸汤焦炸丸、洛阳假海参、蜜汁八宝饭、蜜汁红薯、洛阳肉片、奶汁炖大肠、黄焖酥肉、烩三丝、鸡蛋饼……现在想起来，还有回味的，恐怕只有奶汁炖大肠，其他的，都湮没于酸酸辣辣的汤水之中而吃不出食材本来的味道。

奶汁炖大肠确实好吃，不油不腻，有一种独特的芳香，是我从来未曾品尝过的美食，相比上海经典菜草头圈子，另有一功，堪称双璧。

让我发生浓厚兴趣的则是假海参（用粉条做成）。我跑过许多地方，碰到不少以假乱真、以假充真的，但从来没有见识过以假为荣、以假为号召的。洛阳人倒好，干脆实话实说，毫不避讳。我问服务生，人家避"假"唯恐不及，你们何以明目张胆？服务生说，我也不知道，反正一直是这么叫的。在座的朋友都说洛阳人实诚；我暗想：你们才太老实呢！倘若是真海参，谁还有兴趣吃？只有"做假"，方能让那些喜欢猎奇的客人一探究竟。洛阳人毕竟在社会上历练了两千多年，城府深，智慧足，哪里是开化时间不长的上海人及得上的！

"弱女虽非男，慰情聊胜无"。我们终归吃到了洛阳水席，尽管只是"小水席"。正如听不到六龄童的戏，我们可以听六小龄童的戏一样，虽然也许他们之间其实让人有很不一样的感觉。

道口烧鸡，中！

河南菜虽然挤不进八大菜系，但跻身于十六大菜系还是有资格的。河南人多，人多自然嘴多；嘴一多，吃的东西肯定多；而吃的东西多的直接后果，是必然对食物的丰富性和特异性提出要求。所以，豫菜这个菜系，就是这么形成的。

好几年前，有些人对于河南人"啧有烦言"，以至于有些河南人奋而著书反击，好像要打一场"河南保卫战"。其实，个别河南人可能让人不爽，但就河南人对于中华文明的贡献而言，我们仅仅"脱帽致敬"是远远不够的。

现代社会，人心浮躁，如果只拿老子、庄子、墨子、列子等（均为豫籍）来说事儿，好比对牛弹琴，人家未必服帖，那么，上一道叫"套四宝"的菜，给那些骄狂小子上上课，或许真能让他洗心革面。

说起河南名菜"套四宝"，知道的人不多，吃过的人更少（据说现在只有一人能做）。这道菜的最外层，是一只整鸭；吃完鸭，里面藏着一只整鸡；吃完鸡，一只鸽子暴露在人们的眼前；把鸽子吃完，鸽子肚子里一只腹中填满海参、香菇、竹笋的鹌鹑，正等待着食客下箸。四禽一只套一只，却吃不出一根骨头，简直让人无法想象。

河南人厉害！

河南菜里还有一个绝品，即称得上"一'鸡'封喉"的道口烧鸡。

也许有人要问：道口烧鸡算老几？德州的，禹城的，符离集的，唐山的……都是称王称霸的一方诸侯，道口烧鸡凭什么想做老大？

我知道的情况是：一、古老。仅道口烧鸡的代表"义兴张"而言，可考的历史是始创于清朝顺治十八年（1661年），积淀深厚。二、传承有绪。以前道口烧鸡和清朝嘉庆巡视、慈禧西狩有些干系的种种传说，不足为凭，倒是《滑县志》（道口镇隶属滑县）上的记载较为可靠。乾隆五十二年，"义兴张"老板张柄在街头巧遇时任御厨的同乡姚寿山，请他传授绝活，以便提升烧鸡技术。姚一口答应，告以十字诀："要想烧鸡香，八料加老汤。"这八料，即指陈皮、肉桂、丁香、豆蔻、白芷、砂仁、草果、良姜，并详细传授用法用量。而那个老汤，自然是愈老愈好。张柄如法炮制，烧鸡果然美味好吃。三、工艺繁复。张柄并不以此为满足，从选鸡、宰杀、煺毛、开膛、加工、撑鸡、造型，到油炸、烹煮与火候、用料、用汤等加以探索，终于摸索出一套行之有效的经验，成功研制出具有"色、香、味、烂"号称四绝的烧鸡。

古法怎样处理烧鸡，我们不很知道，至少现在可以公开的"程序"就让人不胜其烦了，比如，须一刀割断三管（血、气、食），以控干鸡血；放入老汤，配以祖传秘方，用铁算子将鸡压住；先用武火烧沸，再用文火焖制，须历五小时才算到位；一提鸡腿，骨肉自动分离……

道口烧鸡，中！（河南方言：好）

我对于道口烧鸡确有一种难以释怀的情感。三十年前，我以一个中学生的身份独赴兰州探亲，旅途漫漫，饮食全靠家里携带的干粮，而舍不得去餐车吃一碗面。车到开封地面，满地都是叫卖道口烧鸡的妇女儿童。坐在我对面的是一位回新疆办病退的上海老知青，原先一直死气沉沉，此时一跃而起，从窗口买回一只烧鸡，并且打开一瓶烧酒，有滋有味地独斟独饮起来。看得出，他早就在等待这一刻了。啊，真正的香气馥郁！我实在压抑不住馋虫的"肆虐"，便把手伸出窗外也买了一只，记得大约花了两元钱……

三十年后，当一盘道口烧鸡放在面前，我无法不联想起当年的寒酸和"奢侈"。

金陵东路西藏路角上的亚龙国际广场地室，有家河南馆子，名叫"掌柜的店"，甚怪，据说已经开了好多年了。我去过楼上的辛香汇，对此竟毫无察觉。我到这家店里品尝豫菜，顺便向掌柜提了两个问题：一是店名不含"河南元素"，何故？二是道口烧鸡名满天下，真空包装流通已不是问题，难免要使堂吃沾染快餐之嫌，确否？掌柜坦诚相告：一、店名讳豫，是怕客人对河南产生误会，影响销售；二、本店烧鸡，均为现做现卖，绝不巧取，尽管放心。

我放心了，并请他也放心：真正有素质的上海人是不会对河南同胞有所歧视的，你尽管高张豫菜的大旗（现在上海的河南菜馆罕见，原先永安公司后门有梁园致美楼，做河南菜，现已不知所终），本地和旅沪人士，需要调剂口味，加强互补，增广见识，说不定你的卖点正在"河南"两字呢。

审视其菜单，结合掌握的知识，我以为，除不能为者如"套四宝"以及不可为者如黄河鲤鱼（困于运输）等，豫菜之荦荦大端，尽在斯矣。而人均低廉的消费标准对应分量超大的菜肴，更能显出河南人质朴厚道的一面。

最后，本应来碗豫菜的主打——烩面，因为腹胀如鼓，放弃了。

闹汤驴肉

春节前的一天中午，六七个朋友在单位附近的俏江南聚餐。不知是谁点的菜，冷菜当中居然有一道驴肉！我在这家餐馆也算吃过几回，从来没有人点过此菜，而且，上海有名的餐馆那么多，恐怕没几家拿得出驴肉的。

我觉得有点怪。

上海人固然不大吃驴肉，事实上想吃也很难办到，餐馆不进货是一个原因，即使小菜场的肉摊上有卖，谁也不敢贸然出手：如何烹饪却是一个大问题。再说，有的人，性格里有很大的冒险因子，上天入地，奋不顾身。但要他尝尝某样他未曾吃过的食品，扭扭捏捏像个娘们儿。

再看眼前这盆驴肉，完全是冻胶做法，肉质红润、细腻、筋道，比起羊羔来，那可紧密多了，味道也不错。我很怀疑这道驴肉只是真空包装的产物，简直无法想象店家会从哪里进几块驴肉，有那么好的心情把它做成菜。我看了一下，除了我动了几筷外，其余的人都在用眼睛向它"致敬"，其中包括那位点菜者。

如果在去年的十月之前碰到这道驴肉，我无疑会像那些"其余的人"一样，对它敬而远之：不是不敢吃，而是自己没吃过，又没见别人吃过，只能"闭嘴"。有句女人们奉为金科玉律的名言"宁可穿坏，不可穿错"，庶几可以概括之。殊不知世界上有许多好吃的东西，都是这样被我们错过，就好比老股民，哪个没见过二十元的茅台股票？现在涨到了几百元了，哪个手里还有这个股票呢！

去年国庆长假之后，去河南焦作云台山游玩。周边的大小食府和土特产商店，无不大肆吆喝"闹汤驴肉"。虽说驴肉没怎么吃过，但"可吃"这点共识还是有的，我们只是对"闹汤"两字有点费猜测，无论如何想不通驴肉怎么闹汤：是把驴肉放在沸汤里面煮，还是沸汤浇在驴肉上？

一行人，学位拿得都很低，但多少受过点唐诗宋词的启蒙，知道"红杏枝头春意闹"的"闹"，是极言红杏的众多和纷繁，生动地渲染了大好春光，所以连王国维也佩服，说："着一'闹'字而境界全出。"莫非"闹汤驴肉"中的驴肉，也到了"众多和纷繁"的境界？于是叫那店小二："来啊！"

很快，厨房间里切出一盘"闹汤驴肉"，一粒粒的，像盐渍过的牛肉那样清，又像高汤焖煮过的牛肉那样鲜。没有什么"汤"可闹的，更没有"红杏闹春"的意境，但你可以想象当初它在烹调过程中散发出令人陶醉的气息。

问店伙是问不出结果的,我带了"闹汤"的疑问离开焦作转去安阳。

告别安阳踏上归途,手里一样河南土特产也没带,心里着实有点不甘心,便匆匆往大超市"巡按"一过,胡乱拿了些标着"河南"产字样的包装食品,其中就有一袋"闹汤驴肉",班师凯旋。

本来还以为又要被太太说几句"尽把些乱七八糟的东西往家里带",想不到这包"闹汤驴肉"极受她的推崇,还埋怨说:"怎么只带了一包!"

好东西啊!只可惜识货的人不多,要不怎么上海的超市、食品公司会没得卖?

之后,我做了点功课,补上了关于"闹汤"的一堂课。

所谓"闹汤",说法不尽相同。

一是,取多年熬制的高汤加入驴蛋白、椒盐、香辛料、少许淀粉,朝一个方向不停地搅拌之后变成一碗香浓的汁料,食用时取薄片驴肉蘸之。

二是,将驴肉煮成淡驴肉,切成薄片,用荷叶包着,再用几种香料煮汤,调成糊状,浇在荷叶包的驴肉上。

三是,驴肉和闹汤由两部分组成,熟驴肉由生驴肉、盐、水、老汤和调味料制成,闹汤是由老汤、水、盐、芝麻酱、肌苷酸二钠、鸟苷酸钠、魔芋胶和芡粉适量制成。将加了作料的水煮沸，投入腌制的驴肉，煮沸后，再微火煮，直至肉熟，出锅，凉肉。

还有一种最为惊心动魄：据说原先的驴肉味道不佳，后来有个师傅想出了一个毒招——让驴喝古怀庆府（今河南焦作境内）的四大怀药（山药、牛膝、地黄、菊花），可这中药驴根本不肯喝。于是师傅把驴拉到一间门窗紧闭的屋子里，屋内炉火烧旺，中置石磨，以鞭驱之，连续三天三夜，令其拉磨不止。第四天，驴大汗淋漓，饥渴劳累，以致筋疲力尽，师傅这才用药汤喂之。驴不管三七二十一，一饮而尽，药味随汗腺进入肌理。第五天则以利刃屠宰之，入老汤锅中煮炖。

以现在的"闹汤驴肉"视之，尤其真空包装的，大概要以第三种做法最为普遍。堂吃以第二、三种最佳，而第四种最不靠谱。

相传康熙帝南巡怀庆，吃了怀庆府驴肉，连声叫好。于是，闹汤驴肉成为贡品，享誉大江南北。

当地有句俗话："天上龙肉，地下驴肉"，最能说明"闹汤驴肉"的好吃。驴肉比牛肉纤维要细，没有猪肉肥腻和羊肉膻味，洵为美食，被授予"中华名小吃"称号，实至名归。

驴身上有许多好吃的东西，比如驴皮，做成阿胶极为滋补。我听说原先"炸响铃"是用驴皮做的，当然只配皇帝享用，后来民间用豆腐皮做，虽属实出无奈，算是慰情聊胜无吧。

不过，驴身上有两样器官是吃不得的，便是那肝和肺，最为无用，否则老百姓怎么会以"好心变成了驴肝肺"来形容自己的沮丧呢？

铁棍山药

河南焦作街头，到处可见"铁棍山药"的广告，我心里暗暗称奇：上海菜场卖的山药确实很像木棍，但上海人从不把山药和棍子联系起来，难道这里的山药，称之为棍子还不够意思，非得要加一个"铁"字才带劲？"铁棍山药"之坚硬，可比孙行者的金箍棒乎？

到得饭馆，打开菜单，"铁棍山药"几字顿时打入眼球，服务员更是推波助澜，竭力推荐。《西游记》第二十回中有个唤作"前路虎先锋"的妖怪有句名言，叫："见食不食，呼为劣蹶。"意思等于上海人的"有吃不吃猪头三"。谁愿意做只"猪头三"呢？上吧。

铁棍山药"驾到"，见之，大吃一惊，原来，所谓的"铁棍山药"，一支支地横在碟子里，长短不过中指，粗细略当食指，外表还留着一层浅褐色的细皮和细毛，比起我们印象中的山药，不知秀气了几百倍，仿佛一个叫林铁柱的人出镜，让人看到的却是林黛玉的形象。不禁浩叹：人不可貌相，山药又岂能顾名思形？

吃法是：手拿，剥皮或不剥皮，蘸一下炼乳，送进口中。原本以为要拿出全套"蛇吞象"的劲头，现在居然只花了"鲸吃虾"的功夫，未免失落。

山药，又名怀山药、淮山药等。铁棍山药是山药中的极品，并不是什么山药都可以冠以此名。国家有关方面规定，只有在北纬34.48°至35.30°、东经112.02°至113.38°之间地理范围内（即河南焦作温县）出产的山药，才能称为铁棍山药，属受国家保护的原产地产品。每亩产量平均只有两百千克；一年一季，一块地最多只能连续种两年，再种就要等到十年之后。有个流行颇广的段子说，河南出山药，而且很给力，男的吃了女的受不了，女的吃了男的受不了，男女都吃了床受不了。于是有人就问了："这么好的药为什么不多种点？"答曰："不行啊，地受不了！"虽然是个玩笑，但这个段子是不是能给铁棍山药之所以低产作一个歪批？其实，山药具有很多滋补功效，补肾气是其重要的元素之一。外电透露，田径名将博尔特幼年家境窘迫，靠吃山药充饥。从小吃到大，他的"世界飞人"的称号也许就是吃出来的。看来，这个段子虽然有"乱造"之嫌，倒还不至于"胡编"。

由于铁棍山药很卖得出价，假冒伪劣便无孔不入了。据说，正宗的铁棍山药有以下指标：周身瘦小，直径一至二厘米；单根重量不超过两百克；简单炮制后，互相敲击时会发出铁棍撞击的声音；含水分少，液汁较浓，等等。铁棍之名，似取之于形，实则取之于声，是我们没有想到的。

铁棍山药之所以金贵，除了吃口上佳，更为重要的是它还是一味珍贵的药材，被古代医家推崇，有"长寿因子"之称。至于我们吃到的是否正宗，只有天知地知温县人知了。让我感到意外的是，一向外出旅游两手空空不带任何土特产回家的江东大壶兄，居然破天荒地买了一捆铁棍山药飞回上海。他的注重养生是出了名的，该出手时就出手，肯定有他的道理。直至今日，我还为自己没有及时跟进而后悔万分。

山药这个名字看上去很土气很世俗。以前文坛有个"山药蛋派"，标榜乡土风格，可旁证。须知人家也曾被"肇锡余以嘉名"的。李时珍《本草纲目》中说："薯蓣，因唐代宗名预，避讳改为薯药，又因宋英宗讳署，改为山药，尽失当日本名……"薯蓣，在宋代诗人苏东坡笔下写作玉延；在黄庭坚笔下出现了山蓣；在范成大笔下已经成了山药；而到了明代徐渭笔下已无忌惮，又恢复了薯蓣之名。但没有用，"山药"之名在坊间已深入人心，《金瓶梅》第六十七回中提到了"山药肉圆子"这道菜（用山药泥和肉末混合调制），如果作者写作"薯蓣肉圆子"，就没几个人懂了。《红楼梦》中有秦可卿吃的"枣泥馅的山药糕"的情节，说明山药除了讨市井喜欢，也是能够进入上流社会的。

山药营养丰富，形象却不佳，常常被民间丑化，用来比喻那些外行、傻瓜。从前北京有个文物鉴定专家叫何玉堂，早年因文化程度低而经常走眼，被称为"何山药"。后来他励精图治，眼力大进，终成一代鉴定名家。可因他的绰号被叫得实在太顺口了，人们一仍其旧，总以"何山药"称之，他也不以为忤。但作为食品，则另当别论。当年，北京广和居以一道蒸山药博得何绍基、张之洞、樊增祥等名流激赏。周简段《老滋味》一书中引《光绪顺天府志》："山药，冬月掘根，可蒸。京师以猪油及砂糖和之，蒸烂，谓之山药泥。"日本料理里边也有一道山药泥，是和芸豆一样有名的小吃，似乎是把生山药打碎成泥，然后不断地用筷搅拌，直至黏液泌出才算到位。

北方人喜欢吃拔丝苹果、拔丝土豆，自然也喜欢拔丝山药。山药本来不入上海人的法眼，嫌其滋味寡淡而黏液缠手。后来大概认识到它的营养价值，才有所涉猎：多半烧汤、炒肉片或加黑木耳、豆腐干做炒素；近年来见得最多的是用作开胃冷菜——把山药切成半寸见方的长条，像搭积木般纵横交错，上面淋以蓝莓浆汁，是十分时尚的爽口菜。

殷墟上的饕餮

沉寂已久的中国历史名城安阳，因"曹操墓"事件又给全国人民展现了一次她古老的一面。其实，安阳的家底够厚，光一个小屯村殷墟，分量已经重得让人喘不过气来，更不要说安阳县小南海原始人洞穴遗址。即使没有曹操墓，哪个地方也不敢说我比安阳更"老大"的。

原先我对安阳有点看轻，以为除了那些老家什（殷墟等）外就无甚可观了。错！红旗渠的伟岸和马氏庄园的恢宏以及袁（世凯）陵的豪华……这些近现代建筑之气象阔大，也都使人感到意外。如果还有什么让我为之服膺的，那就是安阳的吃。

"安阳是美食之都，开封、洛阳哪能跟我们比？"以名气大、成就大、脾气大而享有盛名的刘教授，说起家乡山水文物、风土人情，纵横驰骋，激情洋溢。尽管他不埋单，点菜权却当仁不让。事实上，没有人比他对于安阳饮食风尚更了然于胸的了。和这样的人一起吃饭，除了长知识，还长饭量。

看看上冷菜的节奏有点赶不上趟，怕刚刚赶到的我们肚子饿，刘教授忙说"开席吧"，这等于是起跑的发令枪响。我等刚想动筷，只听刘教授大叫："且慢！先撤一个菜。"我等全部傻掉：这是干吗？"你们看，现在桌上是五个菜，此时动筷是不行的。之前我一直在等服务员再上一个菜，可久候不来。等不及了，所以只能撤出一个，形成偶数，才能开吃。这是安阳的规矩。"

好家伙，那么讲究啊！一时，我等皆被镇住。不过，由此，我们对于安阳美食的期待，也变得急迫起来。

刘教授对于安阳美食的熟悉和热情以及由此带来令人耳目一新的展现，我丝毫也不怀疑，唯一比较担心的是味道——那种他们津津乐道而我们完全无法消受的"美食体验"。惭愧，这种担心最终没有兑现。

菜单如下：

> 道口烧鸡、安阳三熏、荷兰双拼、爽口仙人草、烧蔬菜、大葱爆羊肉、花生米、酥肉皮渣、鳜鱼、白菜烩豆腐、内黄风味灌肠、炸血糕、上烩菜、双味南湾大鱼头、酥烧饼、太子皇生煎包、粉浆饭……

这些菜里，听刘教授的"吹"和自己的判断，我以为真正有意思的菜肴有安阳三熏、酥肉皮渣、内黄风味灌肠、炸血糕、粉浆饭等。

安阳三熏，是指熏鸡、熏鸡蛋、熏猪下水，有近百年的历史。将原料精心卤制，然后用柏枝百壳和松树锯末烧火熏制，松香馥郁，入口脆烂，非常适合下酒。

酥肉皮渣，皮渣是粉条粉皮的渣滓，据说原先是"废物"，后来被人无意中扔进锅中，再勾上粉芡一起煮稠，变成比粉皮更硬的东西，切成块，和肉（也有和豆腐蔬菜）一起烹饪。肉酥而不烂，皮渣则很有嚼劲，别有风味。这本来是主人捣糨糊打发人的菜，最后竟然大受欢迎，颇有传奇色彩。

内黄风味灌肠，是安阳的名菜，似乎更像小吃。相传始创于清咸丰年间，最早由内黄县城南关街邱秀山的曾祖父发明。灌肠又名"血肠"，将猪血、面粉、香油、五香粉调和，灌入猪肠蒸熟、晾凉。有两种吃法：一是切片煎着吃，一种是一段一段煮着吃。我这回吃到的，是切成片，和煮着吃，嫩滑入味，充满家常气息。

血糕，听上去很恐怖，其实相当平凡：用荞麦面、猪血佐以其他配料蒸制成糕，然后切片油炸。因为加了猪血的缘故，色呈深赭，看上去硬邦邦的，像块上海人经常吃的香干。刘教授特意为我们演示吃法：将蒜蓉蒜汁涂抹在糕上吃，吃口才好。

粉浆饭，从字面上推论，外行的人简直不知其为何物，说出来则一钱不值。我看，它更像上海人喜欢吃的菜泡饭。传说从前有一年安阳大旱，人们就到城西一家粉房店里一口小井打水，哪知里面全是店家倒掉的粉浆水。市民将它提回家，配上小米、野菜等做成粉浆饭，既可解渴又能充饥。后来加工考究起来，加入花生、大豆、麻油等等，滋味更加醇厚。

有一道安阳最著名的菜，叫"三不沾"，不知为何刘教授没有推荐。所谓"三不沾"，指吃时不沾筷、不沾盘、不粘牙，以蛋黄为主料，伴以桂花糖、白糖、优质粉芡、上好大豆油等炒制而成。敢情是不是一种炒蛋？不太清楚。因为有名，不提一下是不对的。

安阳的历史就是古老，连大多数的吃食都有渊源可循。可是除了刘教授，许多当地的年轻人似乎都说不出个所以然。即便如刘教授，好像也不大有兴趣摆弄安阳美食的掌故。大概他们的心思全在于"曹操墓"上了——这可是够安阳人吃它好几百年的！

大盘鸡有多大

到新疆，不尝尝羊肉串，不嚼嚼馕，是不可想象的，除了有特殊的原因外。还有一样吃食，不是你想不想吃，而是基本上"不请自来"，总要不期然而要和它打个照面。那是什么呢？

新疆大盘鸡！

在新疆上馆子，店伙递上一本菜单，无论你怎么从头看到尾，再从尾看到头，最终，一只手指八成要落在"新疆大盘鸡"的字眼上。其实，聪明的店伙才不管你怎么深思熟虑，转辗反侧呢，他早就把这道菜写上了点菜单——他吃准了你，一定会点这道带着"新疆"名号的菜肴的。老实说，不点新疆大盘鸡，你还有别的什么可以替代、挑选的吗？你认为在新疆还有什么菜肴可以胜过大盘鸡的呢？

我对于新疆大盘鸡的认识，说起来也有二十年了。

先是在玉屏路近娄山关路一家新疆风味馆里看到有这样一道菜，很踌躇，下不了手。为什么？一家三口，都不是大胃王，看到"大盘"两字，想象它的体量应该非常巨大——够十个人吃的吧，三个人吃一大盘，岂不是有点"蛇吞象"的气象？于是就跟服务员商量：能不能弄个小盆的？服务员听了一愣："小盆？怎么个小法？我们这道菜，不过那么大（她用双手比画着，似乎模拟出了直径像个排球那么大），三个人吃，不会浪费的!"再上下打量菜单，也就这个菜最像上海人所谓的"大菜"了。好吧，下单吧！

端上桌，那大盘鸡，确实量不小，但绝对没有大到可以供十人之用。三个人，一只大盘鸡，几串羊肉串，一道蔬菜，一个番茄汤，外加一盆过油肉面，足矣，宜也。

从此，新疆大盘鸡的格局，就这样在脑子里成型了。

后来有一回，三四个朋友聚在陕西路延安路路口的一家新疆馆子里，点菜的人的眼光在菜单里的"新疆大盘鸡"上游移不定。我看出他的心思，就说："点吧，没事，不会让你吃到撑，或者觉得太浪费银子的。"

我想，新疆大盘鸡的"大盘"，肯定吓到了不少食客，尤其是胃纳不大的江南一带的人。

事实上，新疆大盘鸡，说大不大，说小不小，就看你能不能接受这道菜里的辅料了。

一般来说，一道大盘鸡，鸡比较大的话，入馔的有四分之一算不错了，如二分之一，那就很可观了。其余的，都是些土豆、辣椒、蘑菇和面条。如果仅仅冲着鸡而来，完全不用担心其"大而无当";如果对那些辅料不很感兴趣,很遗憾,那道菜确实有些"大道至简"啰。

据说,大盘鸡也是有人随口而出,一叫成名的。

照理说,新疆大盘鸡,应该是带有当地少数民族风情并且有一定的历史现场感的。可是,我所得到的材料,诸如《大盘鸡正传》等等,都在说明一个基本事实:所谓新疆大盘鸡,与当地少数民族的饮食传统没有多大关系,而且历史也极短——区区三十年左右。

大盘鸡的诞生,有个版本是这么说的:上世纪八十年代中期,刚到新疆知名景区柴窝堡湖的湖南人陈家乔和夫人苏宪兰,看中了这个地方未来有发展前途,就在湖边开了一家小餐馆。起初他们卖的是带有上海风味的卤鸡(按,这也就是为什么新疆大盘鸡要用上海人熟知的三黄鸡做基本食材的缘由)和一些小吃。可是生意并没有较大的起色。正当他们准备转战他处时,312 国道附近开始修建铁路,和基建有关的各种车辆和人群逐渐增多,于是,到他们餐馆就餐的人也多了起来。陈家乔觉得,上海风味的菜肴固然清淡可口,但不足以满足口味厚重的客人,尤其是北方客人的需求,他尝试用家乡人喜欢吃的辣椒炒鸡块的烹饪方法来吸引顾客,居然大获成功,声名远播。出名后的陈家乔对记者回忆说:"刚开始的时候是用小盘子装,一只鸡用四个盘子装,挺麻烦的。后来一琢磨,如果用十几寸的搪瓷盘装，刚好装满一大盘，看上去很实惠。其实，这个大盘鸡的名字是顾客提出来的。他们来吃鸡，看到我们用大盘子装，随口就说了'大盘鸡'三个字，没想到，不经意间，'大盘鸡'就留用到了现在。"陈家乔成功了，周围的人纷纷效仿，柴窝堡的一条街上开出了八十多家大盘鸡店……

但这个说法，新疆沙湾的人同意吗？

在新疆的沙湾，关于大盘鸡的另一个版本是这样的：

有个叫李士林的人，在上世纪七十年代到新疆沙湾做煤矿工。矿上生活条件艰苦，吃得很差，李士林便自己开伙仓，竟然练出了一把烹饪好手，闲暇时间他还帮别人烹调酒席，在这一带小有名气。他意识到完全可以凭手艺吃饭的时候，周围开的都是些以烹饪牛羊肉为主的风味餐馆，他懂得差异竞争的重要，就做起了辣子鸡块，生意红火得不行。和陈家乔一样富有传奇色彩的是：一开始李士林的辣子鸡也是用小盘子装，有一天，有个建筑公司的职工来吃鸡，觉得很好吃，就是嫌里面的鸡块太少，他看到李士林拿了只鸡从后堂出来，就硬要李士林把这只鸡都给他们下锅。问题是，鸡做好之后却没有那么大的盘子装，李士林灵机一动，就用装拌面的盘子盛上了。"大盘鸡"就这么被叫开了。

沙湾人之所以很有底气，还因为新疆大盘鸡的第一个注册商标是在沙湾地面上诞生的。这个商标的拥有者，叫张坤林，是在沙湾爆得大名的杏花村大盘鸡店的老板。不过，沙湾人都知道，张坤林并不是新疆大盘鸡的发明者，他只不过是个嗅觉灵敏、市场意识特别强的商人而已。

有"沙湾大盘鸡第一人"之称的张坤林，河南永城人，上世纪八十年代末，他看到李士林开大盘鸡店挣了钱，就发动全家人开起了大盘鸡店。1992年，他又注册了"杏花村大盘鸡"这个商标，并在新疆伊犁及甘肃等地开起了连锁店。

不管怎么说，新疆大盘鸡之所以有如今的知名度，张坤林"厥功甚伟"。

那些有关大盘鸡的"掌故"，当然不是由我这样一个"过客"可以编织出来。各种版本当中，陈家乔、李士林、张坤林等的"诸说"，都"有案可稽"，这是和许多与"皇上""名士"纠缠不清的地方名肴不太相同的地方。

《舌尖上的中国2》中"相逢"一节，对新疆大盘鸡的做法有些简单的描述（比较翔实细腻的烹饪之法，建议参见CNTV中"新疆大盘鸡"视频），可见新疆的这道菜，称得上已经"名震京城"了，尽管它更多的是通过一个由新返沪的上海知青烹饪此菜，招待相聚一起的当年知青朋友的角度来展示的。"舌尖2"里有句话说得最为中肯："各种地域的食材，为一种美食的诞生提供了条件。"你看，大盘鸡最初用的是江南一带流行的"三黄鸡"，参与的是四川人嗜食的辣椒、甘肃人偏好的土豆、陕西人钟爱的裤带面，它的烹调方法明显包含中原地区先炒后炖的特点。难怪有人说，它是各民族大团结的产物。它也印证了笔者在前文所及新疆大盘鸡其实和新疆少数民族的饮食传统没有十分紧密关联的说法，是可以成立的。

在新疆比较著名的旅游景区，大盘鸡如影随形地出现在旅行者的餐桌上，有时它叫大盘鸡，有时它又叫辣子鸡，其实是一回事。怎么办呢？总不见得都是羊肉牛杂的，要吃禽类，恐怕只有吃鸡；吃鸡，一般就是大盘鸡了。

大盘鸡有多大？各人的经历不同，答案也不尽相同。前个月我在新疆，倒是领教了大盘鸡的"大"。

乌鲁木齐的一条街上，开着一家中型偏大的餐馆，名字很响亮——新疆第一鸡。它标志性的符号，是大门两侧各有一个少数民族少年手托一盘"大盘鸡"，其形象活泼俏皮，惹人喜爱。

也许看我们人多，店伙上的大盘鸡，盛器的直径大致不小于五十厘米！那可真是"大盘"啊！

一般，略懂大盘鸡吃法的人，在菜肴吃剩一半或未尽之时，照例要叫一碗陕西的裤带面（阔面）或其他种类的面条拌入汤汁里。我这次遇到的情况有点特别：当一盘大盘鸡被吃掉一半时，盘中居然露出了一块巨大的馕！这块馕起到的作用，就是作为主食的面条或米饭，堪称别出心裁！

　　显然，新疆大盘鸡也在不断地"吸收"、"合并"，它已开始注意到了怎样把新疆少数民族的传统饮食文化元素融合进来。正如《舌尖上的中国2》所言："新疆大盘鸡，不仅承载着香料和食材，还见证了各族群的智慧在美食上的碰撞。"

架子肉

京剧里头有一种角色，叫做架子花脸。所谓架子，一般指戏曲演员表演时的身段和姿势。架子花脸，也许是说比较注重功架以及念白、表演的花脸吧。

上海人讥嘲某某人"架子搭足"，犹言其过于傲慢，不易通融。

那么，架子肉又作何解？难道这种肉食也要摆足"架子"吗？

可以说，非亲历亲尝者，难以意会。

新疆。乌鲁木齐。一家风味餐馆。当地朋友作东。

酒过三巡，菜品五道。这第六道菜，服务生端来一座"塔"。

这座"塔"，用铸铁细管做成上、中、下三层，圆锥形状。最上面的一圈，向下垂挂着一根根被烤得有点发焦的肉串，形成一道"肉帷帘"。

席间就有人欢呼起来："啊，烤羊肉串来啦！"

可不就是烤羊肉串嘛，只不过不是人们常见的那么一把一把地躺着呈现，而是一串串倒悬着，似乎给人的印象是普通羊肉串的升级版，精致得很。在座的客人都这样认为，谁也没有觉得这样的"羊肉串"，不应该被定义为"羊肉串"。

我也没有什么异议，因为不懂；还因为当有人欢呼"羊肉串来啦"的时候，服务生也没有露出诧异的神色，而且其味道也与烤羊肉串相当近似，虽然我对于这个"羊肉串"过于壮硕、过于"连绵不断"（不像一般羊肉串那样现出串珠的格局）而怀疑它的"正当性"。令我感到稍稍有点问题的是：这样的羊肉串，不是用铁签子串起来，而是由铁钩子勾住的；吃它的时候，必须把铁钩子上的烤肉取下来或就着铁钩子上的烤肉，用小刀把肉一块一块割下来吃。

这样的吃法，会是羊肉串吗？

饭局完毕，再也没有见到另一种我们熟悉的羊肉串。

吃具有新疆特色的美食，哪有不吃羊肉串的道理？因此，我和大家都认为，这座"塔"，应该就是羊肉串了。

事实上，我们都错了。

在新疆的几天行旅中，我们再也没有见识过这种"另类"的"羊肉串"，而一直在吃串在一根根铁签子上的羊肉串。

后来，我才明白，这座"塔"，有个正式的名字——架子肉。

可不是吗！挂在铁架子上的烤肉。非常妥帖的称呼。

百度一下，上面说："架子肉是新疆南部的一道特色美食。架子肉多选择当年羯羊或周岁以内的羊。做法是把羊羔宰杀后，去其皮和内脏，将肉分为若干块，洗净后用面粉鸡蛋包裹起来，并放洋葱、胡椒等佐料，然后放入密封的馕坑中烘烤。架子肉鲜嫩而可口，是待客的上品。"

据说，架子肉是新疆南部喀什达瓦昆的特产，在除此之外的其他地方是吃不到的。这个圆锥体的铁架和炉坑是特制的，它有个作用，是便于旋转地烤制羊肉，在恒定的温度下均匀受热。

达瓦昆架子肉在当地流传了上百年后，因故失传了几十年。大概在2003年，岳普湖县政府制订了把旅游作为发展经济的抓手后，出台了不少优惠政策，引起了掌握着制作架子肉绝活的民间高人的兴趣，于是，架子肉又重现"江湖"，对拉动当地的经济增长起了一定的作用。

如果要把架子肉的滋味和其他烤肉作比较的话，我以为与它更接近的倒不是羊肉串，而是巴西烤肉。

由于架子肉体量足够大，如果就餐人数少的话，那就可能粥多僧少，造成浪费。

"塔"形的架子肉，形式感很强，惹人喜爱。还有一种架子肉，是以"晾"在一根"晒衣竿"的方式出现的（两头各有叉形支架，上面搁着一根铸铁细条）。当然，也有的架子肉不讲究形式，把烤肉从架子上取下来，直接放在一只瓷盆里端上桌的。

买架子肉时，只须告诉店家自己想要多少（斤）。所谓多少

（斤），是以生羊肉为计量对象，然后由店家负责烤制。这一点，和我们吃鱼鲜一样，只要认可店家安排的鱼的重量即可，其他由店家操作。

过去只在南疆流行的架子肉，如今在乌鲁木齐也能吃到，说明它的魅力还是很大。看官如果对架子肉感兴趣的话，走过路过，不妨多问问，也不枉千里迢迢到新疆错过了一道美食。由于架子肉做工比羊肉串复杂，估计一般的店家难以措手。所以，并不是每家标榜"新疆特色美食"的餐馆都有供应的。

馕

作家北野在《不可磨灭的馕》里写道："没到过新疆的人大都不知馕为何物。到了新疆的人也不见得立即就能说出那种宝贵食品的准确名称。有些缺乏文化宽容心的人，干脆武断地把馕叫做'烤饼'，在他们看来，馕的名字和制作方法甚至有点可笑。"

以我的经验来看，北野先生的这段话，倒是有点武断。至少在我们上海，只要是吃货，没有人不知道馕为何物，也不会把馕叫成烤饼。另外，所谓"没到过新疆的人大都不知馕为何物。到了新疆的人也不见得立即就能说出那种宝贵食品的准确名称"之说，也包含了很多猜测的成分。

十几年前，我到西藏。飞抵拉萨，已是中午。拉萨的朋友在一家尼泊尔风味餐馆为我们一行接风。之后就带我们到布达拉宫山脚下的一排黄褐色的平房里（是朋友公司的一个接待站）等候来接我们去林芝的藏族朋友。这时，一众人开始有了高原反应，纷纷躺倒将息。我因为年纪还算轻，只是坐着，但耳朵里听出来别人的说话声，就像在后厢房听前客堂里的人说话一样，嗡嗡的，隔了几层。

大概下午四点不到，接我们的藏族朋友来了。只见他把一只大麻袋扔在了越野车里。我禁不住好奇地问他是什么。他告诉我："那是馕和黄瓜。是可以救命的东西。"我对他的话，心领神会。因为行途漫长，到达目的地，可能已经早过了饭点；再加上途中荒无人烟，万一出现点状况，这两样东西是可以抵挡一阵的。

果然，因为一行人的拖拖拉拉，途中还要停车拍照之类，设想到达的时间被大大延长；有些人因为高原反应还不舒服起来。此时，藏族朋友发馕和黄瓜给我们吃。两样食物下肚，情况一下子好多了：肚子饿的人不饿了，头昏脑涨的人也精神起来了⋯⋯

从此以后，只要有去西藏的朋友，我总劝他们到那儿不要怕增加一点点负重，带上一点馕和黄瓜以备不时之需是合适的。

西藏和新疆，是两个不同文化属性的地区。汉族和这两个地区的少数民族在文字和文化传统上也不同，但是，大家却都能准确地读出"馕"字，并且都能想象出馕的作用，可见馕的实用性被很多人接受了。

是的，北野先生说得很对："馕比所有华而不实的东西，如点心、蛋卷、三明治、热狗之类，更接近粮食的本质，因而也更营养人，更无害于人，更值得人类敬重。"

我在去西藏之前，就知道馕，完全是由于在上海有些地方的大街小巷，出现了不少新疆同胞开的新疆风味餐厅，或者是只卖烤羊肉串和馕的点心铺子。当时的馕，两元一个，和好的羊肉串的价值相当。我顺道把它买回来，从来也没有想当饭吃的意思，只是没事时掰着吃着玩儿。说实在话，我喜欢它的那股韧劲儿，这是本地的大饼或山东的煎饼所没有的。

认识馕，起源于上海，体验于西藏，最后完成于新疆。这个过程，很奇怪，也很奇妙。

大概十年前，我曾随团参加一次环塔里木盆地采风活动。用了二十多天，基本上把南疆有名的地县跑遍了。每到一处，当地有关方面热情接待，我们没能自己找餐馆点菜的机会。无妨，该吃到的都吃到了，馕，当然也在其列，只不过分量极少，甚至没上；更多的却是抓饭。

馕接触得不多，也没有过多地被我认识，有幸的是，我们能够深入到维族同胞的家里去做客，聊天，一起吃水果、干果和饭。有的维族同胞家里，屋门前建了一个大平台，上面铺着一张大塑料布，大家席地而坐，欢声笑语，其乐融融。院子里搭着木架子，上面有葡萄和无花果。比较显眼的是还有一个上海人能够脱口而出说清的"炮仗炉子"。炉子边上放着一个由几个台阶组成的"踏脚"。这个炉子就是用来烤制馕的（后来我才知道，砌炉子用的材料，是用羊毛和黏土做成的）。维族同胞把擀好的面饼，一个一个贴在烧得滚烫但已熄火的炉膛内。至于再怎么弄，我也不好意思多问，想象它应该和上海点心摊做大饼的原理比较接近吧。

拥有这样的描满花纹的房屋、宽敞的平台、像样的院子以及自己烤馕的炉子，我以为算是经济条件比较好的人家吧。他们烤了那么多的馕，吃不完怎么办？推想可以卖给别人也不一定。

我确实没有听新疆同胞讲过"烤馕"之类的词，也许他们理解的"烤"，和我们不一样；据说他们的标准说法是"打馕"。打，是个多义词，就像朝鲜族同胞把做糕叫"打糕"一样。新疆同胞做馕，也叫"打"，但不是捶打的打（朝鲜打糕须捶打），而是拿捏，是发面，是擀。

最近到北部新疆行走了一次，对馕的认识有所增强。

同样是馕，北疆的和南疆的或上海的并不完全一样。

上海的新疆点心铺里（姑且如此说道，可能人家卖的羊肉串和馕，根本就不作为点心看待）卖的馕，相对北疆的馕，边缘较薄，自然，其"中心地带"就更薄了；而且，"中心地带"烤得硬而脆，最有嚼头。在这点上，上海的馕，和南疆的馕，我以为更为接近。而北疆的馕，和上海或南疆的馕有个最大的区别，就是边缘厚，"中心地带"也厚。我粗粗估算，可能达到一倍的数级。就含面量而言，同样直径的馕，北疆的，可能至少要增加百分之五十。

还有一点，北疆的馕，似乎都存在这样的情况：要么软不拉叽，要么"坚如磐石"，不存在像上海或南疆的馕那样边缘柔软、中间脆硬的现象。当然，这只是我近十天，在有限的范围内的观察。

非常值得一提的是，北疆的馕，一律是"冷"的。至少在餐馆和毡房（山里类似农家乐的就餐点），从不提供哪怕是微热的馕。这使我想起在上海买馕，人们情愿多排一些时间的队，希望能够买到新鲜出炉的热馕，而对旁边堆积如山的凉馕，熟视无睹。

究竟上海人吃馕的理念对不对呢？

有一天中午，在那拉提草原的一个毡房"农家乐"里，主人拿出一块很大的馕给我们当饭吃。我看这块馕，凉凉的，像是隔了好多天的陈货，就有点不太乐意；再一咬，嚯，实实在在的，硬邦邦的，就像吃一块冷藏过的糯米糕，既不软，也不脆，牙口不好的人不注意，没准会扳掉几颗门牙。

我就跟主人说，能不能换一块热一点、软一点，或脆一点的馕。她的脸上露出了诧异的神色：馕可不就是这样吃的吗？哪有什么热的、软的、脆的馕？

我本来想向她描述一下在上海吃到的馕的状态，后来一想，多此一举。你想：人家从小吃这个长大的，世世代代都这么吃；"上海的馕"算老几？算什么正宗？弄不好我们在上海吃到的馕，是人家已经根据南方人的"口味"作了变通也未可知。于是不再要求"换一块"或说"再去烤一烤"那样的外行话。扪心自问：面包不是也这样吗？除极少数"热"卖外，大部分可都是"凉"的啊。心里一想通，我对于这样又硬又凉的馕不介于怀了。

走出毡房，我突然看见不远处有个哈萨克大妈正拿着几只馕离开烤炉走向自家的房屋，就对一位"每餐不可无此君（馕）"的旅友指点道："看，热的馕。刚才那位女老板不是欺负我们不懂吗？明明可以到邻家去匀一块热馕来的！"那位旅友三步并作两步跑到大妈面前。大妈告诉他："这是自己吃的，不卖；而且，馕也不是热吃的。"在旅友软磨硬泡之下，热的馕被买了回来。十几个人一人掰一块，一块馕很快不见踪影。大家齐声称道："终于吃到了一块最好吃的馕！"我心里还犯嘀咕："虽说达到了热的标准，但这样软不拉叽的馕，在上海是不受顾客待见的。"

由此，我得出一个结论，看上去形状差不多的馕，吃法和吃口都有区别，计较谁才正宗，意义非常渺茫，还不如吃得好多吃一点，吃不惯就少吃或不吃。你青睐的，不一定是人家喜欢的；人家习惯的，未必是你能接受的，相知相融很重要。

　　据说，馕是这样发明的——很久以前，在浩瀚的塔克拉玛干大沙漠边上，维族小伙牧羊人吐尔洪被太阳烤得浑身冒油。他实在受不了了，就扔下羊群，一口气跑回几十里以外的家中，一头扎进水缸。当他冒出头来，头上的水立刻变成了水蒸气。他突然看见了老婆放在盆里的一块面团，便不顾一切地抓了过来，像戴毡帽一样严严实实扣在了头上。面团凉丝丝的，太舒服了。此时，他又想起了扔在外面的羊群，便顶着烈日，朝羊群走去。走着走着，他闻到了一股焦香味。他环顾左右，竟然不知香从何来。突然，他的脚被一根红柳绊了一下，头上的面团滑落在地。他这才发现，原来那股香味是从已烤成一块面饼的面团散发出来的。他尝了尝，嗯，外焦里嫩，非常好吃……

　　后来，人们在此基础上不断改进烤馕技术，直至采用专门的烤炉。馕就此被定型了。

　　这个"据说"，是据谁说的？恐怕无从考证。但在新疆，馕是维吾尔族同胞发明的说法相当流行。

　　考古发现，馕由维吾尔族同胞发明的说法是可以商榷的，最明显的例子是，1972年新疆的考古工作者在吐鲁番的阿斯塔那古墓中发现了馕的残片，鉴定为公元640年的葬品。而据历史学家的意见，那时，维吾尔族同胞的祖先回鹘人的足迹，并没有在这个地区出现过。回鹘人进入吐鲁番及塔里木盆地，至少已是在公元八九百年时候了。两个时间节点，有几百年的差距。

　　自然，馕也决不可能是汉人的发明。唐代白居易写过一首诗，叫《寄胡饼与杨万州》，诗中写道："胡麻饼样学京都，面脆油香出新炉。寄与饥馋杨大使，尝看得似辅兴无。"杨万州，即被贬在万州做刺史的杨归厚。白居易当时也被贬到忠州，就寄了点忠州高仿京都长安的胡麻饼给"同是天涯沦落人"的朋友尝尝。

　　我看过不少文章，说到馕，便引白居易的这首诗，认为白诗里说到的"胡饼"，即馕，或馕的前身。

　　我以为这里有很大的不确定性。

　　毫无疑问，以前把馕叫做胡饼，是不错的。馕，不就是从"胡地"而来的吗？值得注意的是，白居易提到的是"胡麻饼"，其真实含义不在"胡"，而在"胡麻"。胡麻，从植物分类学上说也叫亚麻，但具体到"胡麻饼"这个特定场合，只能理解为"芝麻"。芝麻也是舶来品，故曰胡麻。说白居易从忠州寄馕（如现在我们认识的普通的馕）到万州给朋友品尝，我是不大相信的。从白诗中我们可以知道，其时长安城内（西南角）的辅兴坊，以做胡麻饼而闻名遐迩。那么，辅兴坊做的胡麻饼是否就是我们在南疆或北疆吃到的馕呢？我觉得不是，最起码它是一种做得很好的、用来作点心的芝麻饼。即使就算是"胡饼"，《唐语林·补遗》卷六里有过描述："时豪家食次，起羊肉一斤，层布于巨胡饼，隔中以椒、豉，润以酥，入炉迫之，候肉半熟食之，呼为'古楼子'。"工艺相当复杂。武则天时代，有个官员在下班途中闻到胡饼的香味，忍不住买了一个边走边吃起来。这件事不知怎么传到武则天的耳朵里，武则天竟然将这位官员革了职（估计违反了那时的八项规定）。我猜测那个官员吃到的胡饼也决不是普通的馕。又，《晋书》："王羲之幼有风操，郗虞卿闻王氏诸子皆俊，令使选婿，诸子皆饰容以待客，羲之独坦腹东，啮胡饼，神色自若。使具以告，虞卿曰：'此真吾子也。'问为谁，果是逸少，乃妻之。"我也不大相信王羲之为了一块馕，竟然把终身大事那么不当回事，他所吃的胡饼，味道肯定超好，不像是充饥的馕。更早的文献，如《太平御览》卷八百六十《饮食部·饼》引《续后汉书》曰："灵帝好胡饼，京师皆食胡饼。"东汉时刘熙《释名·释饮食》中也提到了"胡饼"。

汉灵帝、王羲之、武则天时代的官员以及白居易等如果真的捧着像脸盆大小的馕在有滋有味地品尝，真是难以想象的。

因此，上述所有的"胡饼"或"胡麻饼"，无论从时间上还是形态上来说，都不能说明它们原本一定来自维吾尔族同胞的发明。

这里必须要提一下的是，我们平时吃到的馕，是一种极为普通的馕。事实上据说馕有几十种，其中有一种油馕，面里掺了很多羊油或清油，烤出来格外香；有的馕，混合了芝麻、洋葱、鸡蛋、清油、酥油、牛奶等；还有的馕表面上涂上化成液态的冰糖。最最繁复的要数肉馕：把肥羊肉切碎，放上洋葱、盐和一些作料，然后和在发酵的面里或包在里面，放在馕坑里烤。这样的肉馕，可能最类似于白居易们喜欢吃的胡饼或胡麻饼。但我们在新疆时，却很少接触到它。

不管怎么说，所谓"胡饼"，终归是从西域传到中原来的。最大的可能，就是缘自中亚，甚至西亚。

我听很多人说起过，意大利的披萨饼，不就是馕吗？虽然带着玩笑性质，但并非没有一定道理。披萨饼的"底盘"，是不折不扣的馕做成的，只不过意大利人作了些发挥，把碎肉、洋葱、虾肉、玉米以及奶酪等搁在了"馕"的表面而已。

有人曾经说起过意大利的披萨起源于中国：马可·波罗回国后一直想念在中国吃到的一种肉馅的葱油饼，就叫一位来自那不勒斯的厨师按照他的描述来做。那厨师忙活了半天，仍然无法把肉馅塞进面团当中。无可奈何之下，他们只好把所有的配料往饼上一撒了之……

听起来像个笑话，我宁愿相信这是真实的。不过那块饼的"模板"，可能不是来自中国，而是中亚或中东阿拉伯地区。

我们见识的馕的品种实在太少啦，尤对维吾尔族同胞吃馕的规矩知之更少，比如：在和面或烤制时，禁止为馕数数；禁止乱堆、乱放；禁止践踏；即使是馕屑，也不允许抖落在人能踩踏的地方；在家里吃馕时不应将有花纹的一面朝下放；不能拿起一个馕来啃着吃，而是要掰成一小块一小块地品尝——这里既有珍惜粮食的考量，更是一种传统美德的体现：有福同享，有难同当。

网络上也有不少吃馕的"攻略"，什么馕包肉、馕炒烤肉、馕包大盘鸡、烤馕、油炸馕、馕配辣酱、馕披萨、馕泡奶茶、馕配西瓜、炒米粉配馕等等，不清楚是维吾尔族同胞的发明，还是"小编"自己的发明。至少我觉得，把馕片放到一个被挖了坑的西瓜里的吃法，有点奇特。

"夜半之思"烤全羊

溽暑天气，汗流浃背。此时，在饮食上人们总是尽量选择清淡滋阴而避免厚味重腻。但在上海近郊的金山、奉贤等地，却流行着"伏羊"的习俗。

所谓"伏羊"，是指在盛夏（三伏）时吃羊肉。

这是违反一般人的常识的，因为人们相信热性的羊肉只有在寒冷季节食用才会大补。不过，实际情况肯定会颠覆人们的这种误解。"伏羊"可不是哪个人一拍脑袋就想出来的，古代医书早有记载；况且，也不光只在江南一些地方流行，举例说，北京"伏羊"的风气就很旺盛。

我吃过伏羊，而且不止一次。据我所知，"伏羊"的羊肉，大多以手抓羊肉、白切羊肉及羊杂为主，很少有烤羊排、烤羊脊、烤羊腿之类供应。因为这些烤炙过的羊肉，热上加热，人们不敢或殊少尝试。

真是阴差阳错！前些日子，我和一帮朋友一道去嘉定马陆看望一位老友。约在"马陆葡萄主题公园"碰头。马陆没什么好玩的，最有风景的地方，无非是它了。每到此地，总让我想起吐鲁番以及十几年前环塔克拉玛干沙漠之行。

傍晚，主人留饭。就餐地点，就在公园里一家专吃羊肉的主题餐馆，店名很怪——香木香羊。走进里头一看，墙上对此有个注释：酥香型烤全羊开创者。酥香型烤羊又是什么概念呢？我一无所知。

但在这个曲径通幽的葡萄园里，这里的烤全羊，触动了我的记忆神经——

十多年前，我随一个大团到南疆采风。行至喀什，当地接待方十分重视，特地在一处民族风情葡萄园设宴接风。大家坐在铺着塑料布的泥地上就餐，头顶上满是挂着的葡萄，"桌"上堆着瓜果蜜饯、馕饼菜蔬。从陪同我们从乌鲁木齐前来的维吾尔族同行兴奋的笑脸上，我们可以读出他们的满足感。而对于我们这些习惯于冷餐八碗、热菜十道、点心三番的南方客来说，目测菜肴的不够丰富是自然而然的。可是，酒过三巡，外面一阵喧哗，原来，六个壮汉抬着三个烤全羊进来了。我木知木觉，全然不懂这意味着什么，就听旁边那个年轻的维吾尔族同行轻轻地叫了起来："他们怎么那么客气，连烤全羊都上来了！"我便向她请教。她告诉我，在新疆品尝烤全羊是非常难得的，"一方面，一只大的烤全羊需要至少十几个人才能把它消耗掉，而凑齐人数的机会相对比较少；另一方面，烤全羊的成本很高，光一只活羊就是千把元，烤全羊的价格更加昂贵，一般人可吃不起呀……"是的，就像酒席上摆茅台，烤全羊一上，其他都不重要了，故对这次的宴会留有深刻的印象。

如果因此要我为这些烤全羊大唱赞歌的话，我觉得自己太感情用事了。问题大概出在那几个地方：一是烤全羊从比较远的地方取来（很可能不在葡萄园里操作），又放在露天，再加上几位朋友还得借题发挥多说几句，耽误了最佳的品尝时机，于是，脆的，变拧了，热的，变冷了；二是可能还有作料涂抹得不到位，羊肉深层处缺少滋味；三是我恐怕过于从自我感受出发，主观了……总之，和我想象的有距离。

但话也要说回来，在此之前，我曾到过内蒙古科尔沁草原，在一座蒙古包里观赏完祭出烤全羊的繁缛仪式后，拿一把小刀割下一块羊肉来品尝，那个感觉真是很差：那只羊似乎由于时间仓促没有烤好，外表颜色淡而无光，内在肌肉淡而无味；一刀下去，白花花的脂肪和肌肉还在……我高度怀疑这其实只是一种走过场的形式，所谓的烤全羊，是用来看而不是吃的。

我得声明一下，我所看到的，仅仅是个案。至今我还认为，它们并不意味着烤全羊这道新疆和内蒙古最著名的美食可以这样地让人沮丧，甚至，它们只是代表了某种流派或风格。

值得一说的是，我在新疆和内蒙古见识的烤全羊，那可真"全"，"全"得不打一点折扣，和"香木香羊"看到的不一样。

南 船 北 马

跟新疆和内蒙古见识过的烤全羊相比，"香木香羊"显得不太"全"：人家推出来的烤全羊，那可是个整羊啊，至少在外表上，从头到尾，一个零件不缺；有模有样地摆成一个跪坐的姿态；还在身体上做着各种妆容……而"香木香羊"的烤全羊则像被"凌迟"成"有尾无首"的模样；而且被"腰斩"，大卸两爿；身体里所有器官几乎已被"清理"，内部结构一览无余……

这样的烤全羊还算是"烤全羊"吗？

当然算！

新疆或内蒙古的烤全羊，卖点在于外表漂亮，但就实用性而言，"香木香羊"或更胜一筹——相信大多数人对整只羊头之类的兴趣并不大，"香木香羊"则把这部分的"冗物"去除，虽然"看点"少了，"对胃口"的福利却在无形中得到提升、强化。

其实，对于真正喜好羊肉的老饕来说，形式倒不是最重要的。

在我看来，到这里（香木香羊）就餐所面临的风险，不是味道的好坏，单调才是不惮路远、慕名前来品尝的人的大敌。须知，纯粹凭一味烤全羊作为吸引、拉动消费的全部手段，这在新疆和内蒙古等以清真食品为主的地区都极为罕见呢。

对于烤全羊，我毕竟远远不够拥趸的程度。我只是觉得这里的烤全羊比上佳的羊肉串吃起来带劲。恰好那天店里的生意

214

远没到爆棚的程度，店经理有空，使我有机会向他了解一点入门知识，得到的关键词如下（括号内文字系作者综合各种信源进行补注）——

选用宁夏盐池地区的滩羊羊羔（按：盐池被确定为滩羊种质资源核心保护区。滩羊的特点是肉质细嫩，脂肪分布均匀，膻味小）；幼嫩（按：用于烤全羊的滩羊生长期为三个月，三十五斤左右）；烤制过程繁复（按：经过二十八道工序，用苹果果木木炭慢烤三个多小时，外酥里嫩）；麻辣鲜香（以宁夏特产的三十六味中草药秘制的作料）……

实际上，上述这些，对于普通食客来说难以形成概念。以我的经验推之，其长处在于：一、现烤现吃，保持恰到好处的温度；二、滋味尖锐，充分发挥羊肉和作料糅和所产的口感厚度；三、分解便利，由于烧烤到位（标志是酥嫩）以致不用借助工具就能降低撕扯难度。

出现在我们面前的烤全羊，烧烤时四肢被铁丝捆绑在烤架上，身子平铺；上桌时半爿羊也平摊在长方形托盘上，下面亦由果木木炭烘煨。此举能最大限度地保证受热均匀，烤制到位，我闻所未闻的吃法，是店经理教给我们的所谓"七步法"：一扯皮，二扯蛋，三里脊，四尾巴，五腿肉，六胸脯，七脊髓。只有按照这个程序，才能得到最美好的享受。

我想，此法对于"香木香羊"酥香型烤全羊是有效的，其他呢？恐怕未必奏效，比如我在新疆、内蒙古吃到的烤全羊，无论分解还是割取，都不那么游刃有余。

著名的"满汉全席"里收罗了不少羊肉吃法，似乎并没有给烤全羊安排一个位置。可是，2015年举行的"首届满汉全席走向民间全国烹饪大赛"的一等奖，却是由新疆烤全羊夺得的。这至少说明在新疆菜或内蒙古菜参与的新概念满汉全席中，烤全羊被重新挖掘！

这是应得的。一席美味的烤全羊，其烹饪过程之缜密繁复，无耐心者绝不能自始至终地领受。

现在的平头百姓，只要肯花钱，品尝烤全羊是不成问题的。而这在古代则决无可能。烤全羊基本上是王公贵胄的专利。

元朝有个宫廷御宴叫"诈马宴"，烤全羊是御宴上不可或缺的大菜。所谓诈马宴，是蒙古族餐饮中以分食整畜（以羊为主）的大中型宴（"诈马"亦可能指乘骑装饰华丽的马前去赴宴），有蒙古族第一宴之称。蒙古学者阿勒坦噶塔在《达斡尔蒙古考》中说："餐品至尊，未有过于乌查者。"乌查者，烤全羊也。

据记载，"诈马宴"开席，先要上烤好的整羊。烤全羊去其角、蹄，在大铜盘或大木盘内做成卧式；羊颈系着红绸，朝最尊位而献；司仪唱起古老的《全羊赞》（现在部分地区还保留着吃烤全羊前要念规定的祝词的风俗及各种仪式）……

烤全羊如今越来越多地被坊间接受、推广、享用，形成一种有规格、有品位的美食活动。前些年，四川某地四千人一起吃掉了两百只烤全羊，被写入了吉尼斯纪录。可见喜欢吃或对烤全羊表现出兴趣的，大有人在。

《宋史·仁宗本纪》曰：宋仁宗赵祯，"宫中夜饥，思膳烧羊"。袁枚认为"烧羊"，就是五七斤的大块羊肉，放在"铁叉火上烧之"（即烤），其味道竟惹得宋仁宗起了"夜半之思"。

我虽然不是皇帝，在尝过妙不可言的烤全羊之后，那"夜半之思"当仁不让地想来就来了。

西北菜点滴

"十一"之后的一个傍晚，我和太太下班回家，感到有点累，不愿"开伙仓"，就想到随便什么馆子混顿饭算了。

走到附近一条热闹的马路边，一个小姑娘直往我们手上塞小广告片儿。一看，是新近开张的一家标榜西北风味的餐馆正搞促销：吃一百返三十（酒水不计）。我们被打动了。诱惑，倒也不是打七折，而是"来自大西北的美味"这几个字。

本来，冲着优惠前去品尝的人估计不会多，毕竟是西北饮食，和江南的很不相同，哪知到了里头，人头攒动，便有些惊诧：本地人海纳百川的气度，实在今非昔比。

坐定，服务生拿来菜单，随即照应其他客人去了——她料定这两个上海人在短时间内搞不定究竟要吃什么。果然，面对四五十个菜、十几样点心，我们有些举棋不定：既要吃到"西北风味"，又要让自己吃得下，还要数量恰到好处，便有点下单割股票时的迟疑。考虑到西北风味当以牛羊为主，而上海人吃牛肉的经验丰富，相对而言，要品地方风味，还是要以羊肉为首选，所以，目光聚于羊肉。于是，我们点了一只三十八元的铁板炒烤羊肉，一只三十六元的羊杂汤，又点了一只二十二元的炝炒牛心菜，一荤一素一汤，足矣。主食，我力推黑荞面饸饹（一种味道酸溜溜的冷面条），太太不批准，而是看上了外形好看的莜面窝窝，十七元。我劝谏无效，只能威胁一声：届时若能将此物打包带走，算依狠。饮料，太太点一钵自制酸奶，八元，门槛精，我呢，只说菜来再说。

菜未上，服务生先送来每人一小碗黄小米粥，免费。打一下底，有一种朴实的温润感觉。很快，菜已上齐。我看量都不少，空口吃菜未免单调，决定要一瓶啤酒。这个决定当然是错误的，在西北餐厅，应该"装"点豪气，上白酒。或说，天热，喝啤酒还有些道理；现已仲秋，应该佐以一小盅白酒才对路。可惜，白酒不能以一盅沽售，我也够不上酒徒，只能以啤解渴，和"配酒"无涉。

铁板炒烤羊肉做得极好，和洋葱爆烧，相互渗透，相得益彰。羊杂汤（头、心、肺、肠胃、蹄等同煮）也相当出色，煮成了奶白色，非常鲜美。要说不足，欠缺一点点羊骚气，或者少放了大葱。这是必需的，谁叫它以西北风味为号召呢。但它不这么干，想必是要迎合本地人的口味。把那玩意儿弄得干干净净，其结果是忘了自己从何而来。再说莜面窝窝，就像是一个个大体量的蛋卷，整齐地摆放在一只圆形的笼屉上，须另买调料蘸着吃。吃第一块还行，接着有点噎，再者有点胀……

本来嘛，女人对于形式感很强的东西天生敏感，对食物当然也不例外，毫无疑问的则是容易上当，但其可爱之处也在这里。我相信太太之所以作这样的选择，是她对莜面窝窝和饸饹都不熟悉，只能凭感觉，形状像面条的食物肯定不在视线之内，太家常了，反而是不曾见识过的食品更容易被吸引。而我之所以选饸饹而弃莜面窝窝，因为《支部生活》的田冰兄曾向我大力推荐，我也品尝过，不错。如果我也两不沾边，没准看中的就是莜面窝窝！人在饮食上是需要有点冒险精神的。由此推理出，太太具备美食家的潜质而我完全不够格。这样说，行不？

最终，不难吃但因太饱没能吃完的莜面窝窝还是被打了包。

我的这篇文章叫《西北菜点滴》。点滴，是实情，分寸拿捏得还算好。西北菜是个什么概念？陕西、甘肃、青海、新疆等地的饮食总成。浅尝即止，谁敢奢言"齐全"！那些地方，我差不多都到过，但若说都吃过了、吃到了，下巴一准没托牢。西北菜很有"料"可"报"，但需要做更扎实的功课后才有发言权。我希望以后有这个资格，当然不再是"点滴"。

德莫利炖鱼

老早就知道哈尔滨有一道名菜，叫德莫利炖鱼，可一直无缘品尝。

2011年十一月底的一天。哈尔滨，亚布力。傍晚，零下30摄氏度。

中央电视台的新闻说，今冬最强的一次暴风雪降临冰城，机场、高速公路全部关闭……

此刻，我们放弃了在世界著名的连锁度假村CLUBMED里免费提供的意大利餐，赶往五六公里外的一个叫"大炕"的东北餐馆。

难以想象，那辆小面包车好像仅仅用了一张铁皮包裹，凛冽的寒风钻进窗缝呼呼地往里刮，车箱的座位下、走道上也结着一层冰。从前窗望出去，漫天飞雪，能见度恐怕只有十多米，大灯显然不给力，昏黄暗弱，无法看清相向而行的车。司机不敢撒野，开得战战兢兢。当被迎面而来的大光灯猛然刺了一下，有一样活动物体从肩胛边刷地擦过，惊出一身冷汗，你不禁扪心自问：这样吃顿饭，值吗？

对于不肯冒险的人来说，当然不值；对于敢于冒险但没有获得理想收获的人来说，觉得有点亏也是正常的。我不知道大家怎么想，总之，到了林海雪原，不在雪地里摔几跤，不坐一坐火炕，不喝几碗烧酒，不吃几块大肉……岂不枉来一趟？我想。

前一天的中午和晚上，在哈尔滨的两家东北餐馆，我因慕哈尔滨名菜"德莫利炖鱼"之名久矣，便问起它的下落。谁知店伙都是一脸茫然："啥？德什么鱼？没有！"我问："那您知道什么地方可以吃到？"答："没听说过，说不出来。"那些诚恳的话，真让人灰心丧气。

其时，坐在"大炕"的热炕上，我想到了在深山老林之中，天寒地冻，会有啥东西吃？

听导游说，前阵子蔬菜紧缺，价格飞涨，几十元一公斤不稀奇（鸡蛋卖到八十元一公斤），谁有一卡车蔬菜，足够娶一门媳妇。这情形，小鸡炖蘑菇？猪肉炖粉条？哈尔滨熏肠？拍个黄瓜？或上道银鱼土豆饼？都是奢侈的想法。结果，人家硬是整出了满满的一桌菜。

令我惊喜万分的是，居然还有德莫利炖鱼！

哈尔滨人是这样说的：要是外地朋友不喜欢吃西餐，也不喜欢吃东北菜，那就去吃德莫利炖鱼。由此可知这道菜，其实并不是和东北菜"捆绑"在一起的。怪不得我吃过多家东北菜馆，总也不见有卖德莫利炖鱼的。

德莫利是哈尔滨方正县伊汉通乡的一个村庄，北靠松花江，村民以打鱼为生。其位置正处在从哈尔滨到佳木斯进入十八拐的路口。从哈尔滨发车，司机为抢在通勤时间，早上五点左右出车，到德莫利正好是午饭时间，"吃饭喂脑袋"，然后上路。

上世纪八十年代初，当地一对村民夫妇看准了这一点，就在路边开了一家小店，专做一种被叫成德莫利炖鱼的菜。因好吃、实惠而大受司机欢迎，名声不胫而走，遂成名菜。

德莫利炖鱼其实一点也不神秘：取不远处江里的活鱼，去鳞片和内脏，腌一下，蘸上干淀粉，油炸至金黄；把刚做出来的豆腐也油炸一下；然后，将鱼、豆腐和新鲜出"炉"的粉条一起炖，二三十分钟后盛起，装在一个像面盆大的瓷碗里出菜，够五六个人吃一顿的了。这里边的全部奥妙，就在于"新鲜"两字，无论鱼、豆腐还是粉条，都要讲究活杀现做。那种认为哈尔滨大小餐馆都能做这道菜的说法，很不靠谱。至少，不够新鲜的鱼、豆腐和粉条，即使如法炮制，也不可能烧出真正的德莫利炖鱼，而且绝对不是任何餐馆都能做。当然，真正的德莫利炖鱼究竟是什么味道，很少有人知道。据说上海的黄河路美食街能够吃到德莫利炖鱼，很难相信它会怎样的正宗。

中国菜是讲究色、香、味、形的，除了味，其他三样，东北菜基本是顾不上的。我在"大炕"吃到的德莫利炖鱼似乎连有"味"也做不到。大概是放了东北大酱，本来应有的鲜，没有了，倒是颜色由此变得黄糟糟的，让人看了不舒服。乱炖，是东北菜的烹饪特点，德莫利炖鱼也不能免俗。只是，胡乱地炖，给人一种烂糊沓沓的感觉。好在鱼还完整。令我印象深刻的只有一点：嫩，鱼肉就像豆腐般的嫩。

这就是德莫利炖鱼，我一心想品尝的德莫利炖鱼。

一些朋友对于此间的德莫利炖鱼相当地"不敢苟同"，我则以为，评价任何一味美食，都要顾及当时当地的饮食条件和习惯。德莫利炖鱼或许没有刀鱼的鲜、鲥鱼的肥、苏眉的贵、笋壳的厚，但它是属于东北的，凝结着所有的东北元素，和所有的东北菜一脉相承。当你没有"长"成一张东北银（人）的"嘴"之前，是无法欣赏的。

终于吃到了德莫利炖鱼，并且在它的家乡。尽管它不是我想象的那种，但我感到满足。

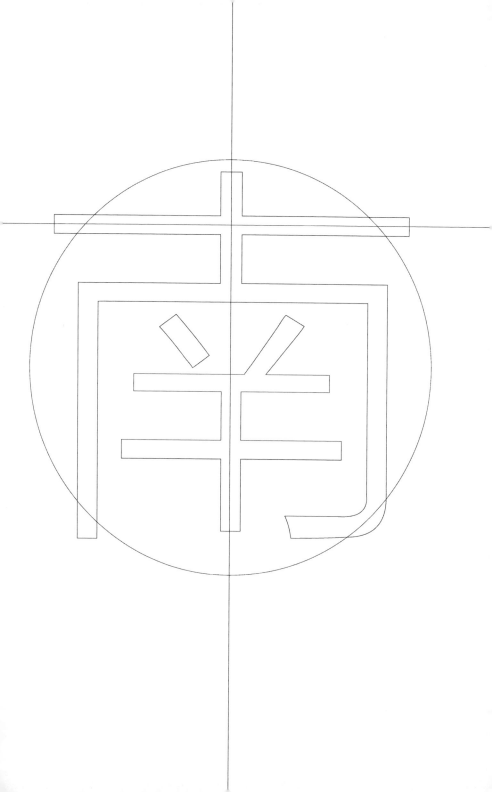

扬州炒饭广州炒

听说有人要将扬州炒饭"炒"进世界文化遗产名录了。

前几日,笔者意外地把目光停在了平时较少寓目的央视 4 套,原来那里正举行着一场烹调比赛。大概是受了扬州炒饭"申遗"的利好鼓舞,比赛项目就是扬州炒饭。赛事十分有趣,比如,选手们要比谁"抓米"抓得最接近指定的分量;要比谁"识米"识得最准确;要比谁"烧饭"烧得最符既定的指标……足以让观众领略扬州炒饭的技术含量之高。

再看,两位大师傅,蒙着眼睛靠嘴尝,来鉴别桌上的五六碗炒饭,哪碗是正宗扬州炒饭哪碗不是。看上去像是胡闹,实际大有讲究。须知天下标榜扬州炒饭者多多,而材质、制法多有不同。正宗的扬州炒饭何等模样,大多数人恐怕无缘见识。于是,给予扬州炒饭以一定的"标准",至少可以过滤一部分缺少"资质"的炒饭,以保证其品质的纯粹性。

有人把扬州炒饭等同于蛋炒饭,这是非常不妥的。理由,可以从它的渊源上得到解释。

扬州炒饭的来历，坊间传说很多，归纳下来，不外以下几种：

一是，隋代的越国公杨素创制了碎金饭。隋炀帝三幸扬州，把它传到那里。清嘉庆年间，伊秉绶守扬州，他在葱油蛋炒饭的基础上，加上虾仁、瘦肉丁等，形成了扬州炒饭的基本格局。

一是，扬州炒饭里的"扬州"，不是地名，而是配料的名称，"叉烧"和"鲜虾"的合称。粤菜中凡以这两种为主要材料的菜就冠以"扬州"。比如，光绪年间，广州的淮扬餐馆有道名菜叫"扬州锅巴"，即用虾仁、叉烧和海参等制成的饭焦。广州的厨师尝过之后，感到粤菜里没有锅巴，还不如将锅巴改为饭，还是用叉烧和虾仁炒饭，果然大受欢迎。

一是，传说旧时青楼里的嫖客，夜里饿了向老鸨讨吃的，老鸨就吩咐厨子用晚饭剩下的饭和菜，一起回锅热炒一下。厨子中扬州人多，于是这种炒饭就被叫成了扬州炒饭。

以上三条，没有一条能够证明扬州炒饭就是蛋炒饭的别称，尽管它确实用了饭和鸡蛋炒作。

总之，扬州炒饭除了炒蛋，还应该有一些重要的标志性的材质。食品专家们说，近年来新出台的一条"标准"规定，扬州炒饭的主料：

上白籼米500克、草鸡蛋4个；配料：水发海参20克、熟草鸡腿肉 30 克、熟精火腿 10 克、水发干贝 10 克、上浆湖虾仁 50 克、水发花菇 20 克、熟净鲜笋 30 克、青豆 10 克；调料包括香葱末 10 克、湖虾籽 1 克、精盐 6 克、绍酒 6 克、鸡清汤 100 克、色拉油 60 克。

而按央视四套的节目主持人赵保乐的说法，所谓正宗扬州炒饭，应当具备"八荤三素"才够格。可惜笔者力有未逮，记不全，或讹传："八荤"乃是火腿、干贝、海参、虾仁、鸡肉、鸡胗、叉烧、腊肠；"三素"乃是香菇、冬笋、青豆。

也就是说，如果我们吃到的扬州炒饭里没有上述那些配料的话，那炒饭是没有资格称作扬州炒饭的。可是，在很多小餐馆里，菜单上都标明着"扬州炒饭"。经验告诉我们，它们通常不可能做到"货真"。既然"货"不真，那"价"也就不可能"实"了。

扬州炒饭是具有世界影响的中国料理。美国前总统尼克松最爱吃扬州炒饭，常到唐人街解馋。小布什也是扬州炒饭的拥趸，据说他下榻上海时两日三吃，最后一次还是临上飞机前赶吃的。又，北京奥运会开村首日，最受欢迎的食品竟是"扬州炒饭"——一天就被吃掉了三吨多。

确实，烤鸭虽然能够代表中国料理，但要论影响力，不及扬州炒饭远甚。有人说，在世界各地都能吃到扬州炒饭。我无福走遍世界，不敢附和，但就走到过的"异域"（甚至比较偏僻之处）而言，扬州炒饭和咕咾肉倒是常馔，大有招之即来之势。

扬州炒饭为什么那么受欢迎？我以为是菜、饭合一的快餐风格起了决定作用。有限的空间体现最大的容量。当年胡适家里每天高朋满座，赖着不走蹭饭的大有人在。由于日开一桌，家里负担不起，胡太江冬秀便炒了一大锅扬州炒饭来摆平那些蹭饭的。我想，胡家的扬州炒饭一定不很正宗，要不然，其开销恐怕会更大。

有一点很奇怪，说是扬州炒饭，其实扬州并不以盛产"扬州炒饭"而闻名，在扬州，甚至很难品尝到所谓的"扬州炒饭"，真正"主其事者"却在广州。但制订标准、提出"申遗"的竟是扬州人。我想，倘若这世上真有"买了鞭炮给人家放"的"傻瓜"的话，广东人可谓拔了头筹。

"二奶"

我想，只要在具有代表性的茶餐厅、粤菜馆喝过早茶、吃过晚餐的人，都不会怀疑"食在广州"的真实性；至于到过广州并且在那儿实实在在吃过几家的，没有不被粤菜的数量和质量征服的。

其他毋须赘言，就从广州人吃的粥、喝的奶上来考量，是除广帮外的所谓七大菜系望尘莫及的。

我为什么单单拎出粥和奶呢？因为它们不光是广帮翘楚，而且是广州人日常饮食的代表。

这点非常重要，好比我们谈经济，既要关注生产总值，也要关注人均收入，更要关注生活质量。粥和奶在广州人饮食中占据了特殊地位，它们体现出的既重要又高档的事实，充分说明至少在饮食上，广州人是当之无愧、天然的美食家。

关于广州的粥，什么鸡皇粥、状元及第粥、螺肉花生猪骨粥、艇仔粥、猪肝粉肠粥、鱼片粥等等，名目繁多，美不胜收。广州人煲粥极为讲究，如果要言不烦地阐释到位，也就是三种形式：一是把粥煮熟，然后将滚烫的粥与熟或半熟的辅料混合起来；一是在煮粥的同时放入辅料一起烹饪；一是煮粥的同时放入部分辅料，粥煮熟后浇在另一部分熟或半熟的辅料上。这些，想必进过粤菜馆或茶餐厅的人多少有些了解的。

而对于广州人所好的另一口——奶，不少人可能只是耳闻，甚至闻所未闻。

其实，本文标题中的"二奶"，乃作者故弄狡狯而已，说的是广州人老老少少喜欢吃的两种奶制甜品——姜撞奶和双皮奶。

姜撞奶有各种做法，但做法简单易学：姜切碎（或捣烂成泥），放入纱布中使劲挤出姜汁；新鲜牛奶煮沸（或煮到一定温度）；牛奶里加入适量白糖；将牛奶倒（即所谓撞）入盛有姜汁（泥）的碗中；冷凝后便可食用。

我曾去广州郊外的沙湾古镇看"奶牛皇后"王秀甜做姜撞奶。她宣称只用自己养的水牛的奶液做撞姜奶，才够得上"广州最好吃的"称号。悬挂着"沙湾奶牛皇后"招牌的奶品店里，每天座无虚席，热热闹闹，广州人以及闻讯而来的游客对姜撞奶的嗜好，于此可见一斑。

相对于姜撞奶，双皮奶的制作显得十分复杂繁琐，其步骤是：1. 鲜牛奶倒入锅中加热（但不要煮开，因煮开后不容易形成奶皮）；2. 将煮烫的鲜牛奶倒入碗中，牛奶受凉后形成奶皮；3. 用工具在奶皮上开一个小口；4. 把奶皮下面的牛奶倒出；

5. 此时碗底形成另一层奶皮；6. 鸡蛋的蛋黄与蛋清分离，将蛋清打散；7. 打过的蛋清与倒出的牛奶混合，过滤一两次，去除泡沫；8. 在混合液中加入白糖，然后顺着奶皮开口把混合液倒回的碗中（此时，原本沉在碗底的那层奶皮会漂浮上来）；9. 碗口贴张保鲜膜，在注着冷水的锅里用中小火加热十五至二十分钟，再焖五至十分钟，即可食用。

"双皮"名称的由来，应该一清二楚了吧。

我漫步于黄埔古港小街上，两旁大大小小奶品店三步一家，五步一铺，什么"奶婆"、什么"广州第一家炖鲜牛初乳"……按比例计，数量惊人。须知那个地方乃是城乡接合部，各色人等对于奶品的需求旺盛到如此程度，实在让我匪夷所思。

是的，有了"二奶"，广州的"美食之都"之称当然更不遑多让了。

吃珠海

　　上海人把以某某为业，叫做"吃某某饭"，比如我朋友当中就有"吃鲁迅饭""吃张爱玲饭""吃政工饭""吃教育饭"者，等等，"吃珠海"并不是这个意思，只是说在珠海吃饭而已。

　　珠海原本是广东省中山市辖下的一个县级市。从中山到珠海，乘车只需二十分钟，所以，到了中山，鲜有不顺便看看珠海的。我们当然也不例外，虽然大约十年前我曾游走过一回的。

　　也许是我无意中抱怨过在中山吃不到有特色的菜肴，陪同我们去珠海的我同事的表姐表姐夫（当地土著），下定决心要让我"不虚此行"。先是考虑出海，在船上吃，但因冷空气来袭，推波助澜，稍感不便；后来改主意找一家有点名气的餐馆，不知怎么找来找去就是找不着，来来回回，十公里走掉了还是没戏；最后还是"偏安"于走过它的门口三四次的一家餐馆。餐馆的名字有点怪——唐家叠石酒家，可谓依山傍水。"唐家"在中山很有点人望，从前北洋政府内阁总理唐绍仪，著名买办、招商轮船的总办唐廷枢，第一任清华校长唐国安，等等，都出自这个地方，"拉大旗做虎皮"，商家惯用尔；"叠石"又有何出典？没问，不见庭院垒石为山，想必缘于背靠山岭，或此山名曰叠山，均未可知。

虽然究竟谁埋单还不确定，但"表姐夫"已露出舍我其谁的气象来——点菜，由他"独裁"了。我心中暗喜，因为一桌七八个人，唯有他的本地口音最重，我不大听得懂，换句话说，他最有可能让我们尝到当地风味。

菜上齐了，计有：

> 禾虫（煎蛋）；扣肉（香芋）；脆皮乳鸽；麦包；生蚝（姜葱）；沙虾（白灼）；沙虫（萝卜丝煮）；非洲鲫（滚汤，碎蒸）；水东芥菜（上汤）；安溪铁观音；水果拼盘。

以上是我在吃完之后抄录下来的菜单，或许有遗漏，或许记不得，但大体不差。

这些菜，做得都很好，让我对"食在中山"有了深刻的认识。其中有些菜，上海餐馆也有，不说了，比如，香芋扣肉、脆皮乳鸽、白灼沙虾（类似白灼基围虾）、非洲鲫（近于河鲫鱼氽汤）。生蚝用姜葱爆炒，较别致，上海的餐馆不多见。可以一说的，则是禾虫（煎蛋）、沙虫（萝卜丝煮）。

先说禾虫煎蛋。一盆圆饼状的煎蛋上桌，"表姐夫"让我们说说里面有什么？因为不知道菜名，大家乱猜一气。我只觉得很鲜，感觉有某种海鲜捣碎后羼入，但究竟是啥说不上来。仔细看菜单时，才知是禾虫。想想广东吃食里面叫"虫"的东西不少，大概未必就是我们想象的那种"虫类"（山东人把老虎叫成大虫，难道广东人就不可以这样叫吗），不以为意。返沪后查资料，方知，禾虫，生于咸淡水交界处稻田的表土层，以腐烂的禾根为食，身上可以随时交替变幻着红、黄、绿、蓝、紫的颜色，煮熟后，即变成金黄色。蛮妖怪的。我在《中山美食游》一书中，看到和禾虫有关的另一道菜——生炒禾虫（中山神湾广隆饭店招牌菜）的照片时，大惊失色：歪歪扭扭的一条条禾虫挤挤挨挨的，说得不好听，简直是"蛆"！难怪"表姐夫"最后并没有揭开谜底，推想，是怕我们知道蛋饼里夹的是"虫"而既不动手也不动口了。

再说萝卜丝煮沙虫。"表姐夫"指着这道菜问，这又是什么？萝卜丝，可以肯定；那一条条很像萝卜丝的玩意儿又是什么？有人猜是某种菌菇，有人猜是某种海藻，有人猜是某种海洋浮游软体生物……我忽然想起台湾美食家朱振藩《食随知味》一书说起过一种叫"沙蚕（一名沙虫）"的水产，似乎有点像眼前那些白乎乎的东西，便信口而出：沙虫。对啰！"表姐夫"兴奋起来，他最希望"虫"字由客人嘴里说出来，这样，即使客人倒了胃口，他也可以安于"免责条款"了。其实，相对于禾虫，沙虫还是十分可爱的。这种星虫纲动物，生长于海水淡水交汇处的沙滩中，类似蚯蚓，又名"土蚓"，无首无目无皮无骨，颜色洁白，"味甚鲜异"（见《闽小记》）。周亮工说得不错。让我感到意外的是，沙虫在福建人手中，被做成了一道名菜——土笋冻，而在珠海，竟被用来煮萝卜丝。广东人在饮食上的创新能力，不能不说"一流"。

沙虫确实不甚好听，不记得谁说过它有点像"蛔虫"，让我的胃不舒服了半天。只是，如果我们在饮食上过于保守，人的某些自然属性就会丧失殆尽，恐怕也不见得有什么值得炫耀的吧。

桂林米粉甲天下

米粉现在真的成了"红粉",红得不得了。过去说银行多过米店,后来又说证交所多过米店,再后来说房产中介多过米店。其实都比拟不伦。试想,如今哪里还有多少米店可寻?倒是桂林米粉遍地开花,确是不争的事实。你只要看一般的商务楼附近,基本上有一家桂林米粉不远不近地挨着,不奇怪;至于在人口密集的居民社区,多开几家,也不奇怪。奇怪的是,何以小白领们都对米粉垂以青眼?有个资深美女点拨道:吃面条等于吃面粉,容易发胖;吃米粉嘛,等于吃米饭,就少一些顾忌。我不知道这是否点中了穴道,但即使是误会,总比用"绝粒"以瘦身要强多了。

此间的桂林米粉自然五花八门、丰富多彩,什么酸辣笋尖干拌粉、酸辣蘑菇干拌粉、辣子鸡干拌粉、贡丸粉、鱼丸粉、麻辣肥肠粉、香菇肉丝粉、金针菇肉末粉、叉烧粉、牛腩粉、红烧肉粉、酸辣牛肚粉、牛脯肉粉、酸辣肚片粉、孜然烤肉粉、大排粉、壮乡牛筋粉……林林总总,但是,恰恰缺少了桂林米粉的代表作品——马肉米粉。

　　据说桂林的马肉米粉，马肉取材于当地的一种土马，它又叫菜马，躯干矮小。这种马肉，鲜嫩逾常，"装备"米粉的，则要选用后腿精肉，切成入口即化的薄片。米粉下到火候到家的汤里，更是吃口香美。一般马肉入菜，难免有股酸腐气，土马却无此缺点，十分奇妙。

　　正宗的桂林米粉在吃法上也很有特点。在上海吃桂林米粉，店堂坐定，店伙一定拿一只大海碗的米粉伺候，主客对此毫无分歧。但在桂林，客人进店坐下甫定，店伙马上手托一只大餐盘，上面放着六七碗马肉米粉，不问不询，便将一双筷几碗粉送到跟前，转身便去照顾别的顾客。你也许纳闷：六七碗马肉米粉？吃得下吗！别急，当你吃完最后一碗时，自然会有店伙前来给你再添几碗。如果有桂林朋友请你吃马肉米粉，更绝，不一下子喊个三五十碗决不罢休。原来，当地人吃米粉，盛米粉的碗都是极小的那种，三四寸许，足高底浅，里面几茎米粉、半碗清汤、数片马肉、三四香菜。这样的量，吃他二十几碗不算回事。老板结账，按碗数收钱。因此，店伙问你"先生要几碗米粉"时，千万不能摇头，或按习惯说要"几两几两"的，人家听不懂。

　　上海的米粉店尽管多得让人觉得有点烦（因为它把本地有些面食店"打"跑了），产生了挤出效应，可谓相当成功，但它还是没能把桂林米粉的精髓引入，无论如何，这都不能算是文化渗透上的成功。

多年以前我到过桂林，好像并没有觉得米粉店多到上海的那种程度。我想象不出桂林人是怎样运作的，但投入少、门槛低、方便实惠，肯定是其制胜的法宝之一。

我第一次吃的米粉，不是桂林米粉，而是长沙米粉。米粉店在遵义路虹桥百盛对面，现在还在，开了十几年了。要说长沙米粉和桂林米粉有何区别，我看主要还在于作料。长沙米粉偏好用肉末，用猪肉，用剁椒，用辣油；桂林米粉偏好用肉片，用牛肉，用酸豆角，用陈醋。吃口后者略好于前者。论排场，长沙米粉较桂林米粉更为闳大，这恐怕也是桂林米粉因小巧而"无孔不入"的原因。

港台地区则流行炒米粉。将米粉油炸，再加咖喱或用汤汁煨，配以海鲜、肉片、鸡什件、菜心等等。我以为相当于此间的炒面，或更接近于广帮饭店里的炒河粉。

有趣的是，台湾人热衷于吃炒米粉。新媳妇进门，婆婆看她是否懂得厨艺，照例要用炒米粉来试：究竟用锅铲还是用筷子？标准答案是用筷子。因为用筷子最不容易使米粉绞在一起变成面疙瘩。只是，这跟桂林米粉已经走得太远了。

厦门寻味

郁达夫先生在《饮食男女在福州》一文中说："福建全省，东南并海，西北多山，所以山珍海味，一例的都贱如泥沙。听说沿海的居民，不必忧虑饥饿，大海潮回，只消上海滨去走走，就可以拾一篮的海货来充作食品。又加以地气温暖，土质腴厚，森林蔬菜，随处都可以培植，随时都可以采撷。一年四季，笋类菜类，常是不断；野菜的味道，吃起来又比别处的来得鲜甜。福建既有了这样丰富的天产，再加上以在外省各地游宦营商者的数目的众多，作料采从本地，烹制学自外方，五味调和，百珍并列，于是乎闽菜之名，就喧传在饕餮家的口上了。清初周亮工著的《闽小纪》两卷，记述食品处独多，按理原也是应该的。"

他的话，当然也适用于厦门。

厦门有许多好玩的地方，也有许多好吃的东西。好吃的东西中，最为著名、最为高档的，非佛跳墙莫属。其他如土笋冻、姜母鸭、海蛎煎、燕皮等，都是令人向往的美食。

　　上述这些，差不多在福建许多地方都可"艳遇"。如果要在厦门的美食上面"划重点"的话，花生汤和沙茶面，才是不可或缺的，因为这几乎是厦门人每天都要开销的，是他们日常生活的一部分。

　　在厦门到处可见有卖花生汤的饮食店，有的小店小铺干脆只卖花生汤，等于专卖店，可见它受市民和外来客的欢迎程度之高。

　　各色花生炒货，闻着都很香，花生汤也不例外，只不过花生汤的香，幽幽的，是暗香，一种很低调的香。花生汤惯常的做法是，挑选新鲜饱满、大小均匀的花生仁，用沸水冲泡，以便褪除花生仁的衣膜；倒入陶制炖锅（我看见当地有的店铺用铁制大锅或铝制大桶）中，加足清水，用火慢炖，直至花生仁外表看上去完整而内在已酥烂如泥；舀几匙放在小碗里，根据各人喜好添些砂糖，注入适量的开水，就可以食用了。这时的花生汤，白里透着些许粉红，形态近于豆浆，却比豆浆清爽、透明、滑润、稠厚，口感非常特别亲和，如果配合糕饼、肉粽、麻薯等品尝，真是美好而不费钱的享受。

　　广东地区流行喝糖水，比如龟苓糕、双皮奶、撞姜奶乃至凉茶。厦门拿得出的"糖水"，也就数花生汤了。我认为，花生汤是厦门人的"糖水"，是厦门小吃的标志，那是一点不夸张的。因此，踏上厦门的土地，不喝碗花生汤是说不过去的。

从花生汤的热卖，可知厦门人对于花生有着异乎寻常的偏好。全国人民，特别是南方人爱不释手的鱼皮花生，正宗的原产地是厦门。鱼皮花生在各地中大型超市都多多少少有售，产地无花八门，质量更是良莠不齐，大致来说，盯住厦门的品牌，基本上就无忧了。很多旅游者离开厦门时要买些当地土特产，其中，鱼皮花生是首选。不要认为这是多此一举，增加负担，须知只有吃到嘴里或两相比较之后，你才会感觉到选择出手是无比正确的。

假设花生汤是厦门的"水"的话，那么"沙茶面"就是厦门的"山"，有"山"有"水"，才可说厦门美食粗线条的拼图，差不多成功了。

何谓沙茶面？简单说，以沙茶酱作为汤底的面条。

沙茶酱的原料各有千秋，好的沙茶酱由鱼干、虾干、蒜头、葱、姜等十几种食材和香料精制而成，再经油炸，变得又香又酥，然后用磨具研成粉末，最终加工成风味独特的沙茶酱。

再说沙茶面的面。面条固然是极好的，但这不是卖点，面里头的辅料（菜肴，苏浙沪一带俗称浇头、过桥）才值得关注。一般，沙茶面的辅料有猪心、猪肝、猪腰、鸭腱、鸭血、肉丸、瘦肉、大肠、鲜鱿鱼、豆腐干……

那么多的食材，究竟只放一样，或者兼而有之，还是集大成者？在我品尝沙茶面之前是无法预料的。

我曾经到一家普通的沙茶面馆，见挂在墙上的价目表里花色品种之多，令人眼花缭乱，有素面、豆干面、鸭血面、煎蛋面、大肠面、肉丸面、瘦肉面、小肠面、猪肝面、猪肠面、鸭肠面、肉筋面、鸭腱面、小肚面、肝沿面、虾仁面、鱿鱼面、大肠头面、瘦肉鸭血面、瘦肉煎蛋面、猪脚面、瘦肉小肠面、瘦肉猪肝面、瘦肉猪腰面、肉丸猪肝面、大肠猪腰面、大肠鸭腱面、猪肝猪腰面、猪肝猪心面、猪腰鸭肠面、猪肝鱿鱼面、猪腰虾仁面、小肠肝沿面、鸭心大肠头面、鱿鱼肝沿面、虾仁大肠头面……于是点了一碗猪肝鱿鱼面，结果，我的那碗沙茶面里各种食材似乎都占了一席之地，变成了大杂烩；而且，一碗沙茶面，除了有几筷子的面条，其余都是辅料。

这是标准的本末倒置呢！

尽管我的这次"艳遇"可能只是一个偶然事件，不过从中也可看出，沙茶面重汤重料的特点。很值得一提的是，沙茶面的价格，绝对亲民，价格之低，让我都以为看错了。

到厦门不吃碗沙茶面，我以为是有点吃亏的。

我在少年时代，听大人时常提到的福建土特产，无非两种：笋干和拷扁橄榄。其实，笋干在东南一带并不稀罕，倒是橄榄绝对属于要让人大费猜测的——除了作为蜜饯的拷扁橄榄、檀香橄榄、甘草橄榄，橄榄的真身究竟是怎样的，我是参不透的。由此，橄榄跟福建的紧密关系，在我脑子里根深并蒂固着。

专诚跑到厦门去吃几枚橄榄，也许大可不必了吧。我认为自己能够给出的最好建议，是去喝一瓶（杯）橄榄汁（超市均有出售），无论什么品牌什么包装，万变不离其宗，只要质量不过分粗制滥造，总能让你身心舒泰，尤其对于那些咽喉肿痛或口里差不多要"淡出鸟"的吃货来说。倘使你不惮麻烦、沉重，背它两箱回家分享亲友，人家若不以"深情厚谊"之类回馈，褒奖你的大方，那得多没教养的人才做得出啊。

海南鸡饭

看见张艾嘉在电视里为某品牌洗发水做广告，一股悲凉之气油然生起：三十年前我读大学时，张艾嘉是学子们的偶像，小女生们把她的大幅海报贴在门背后，一来可以遮挡透过门窗玻璃向内窥探的眼光，一来坐在叠床上也能觉着张艾嘉在对着她看。如今，张艾嘉老了，却装出一副天真纯情的样子，把她最让人迷恋时的形象，冲得稀里哗啦。我和太太（曾经的张艾嘉粉丝）探讨后得出相同的结论：张艾嘉做的那个广告，相当失败，尽管她也许是为了某种需要。

前几年，张艾嘉在《海南鸡饭》里饰演三个同性恋儿子的母亲、海南鸡饭店的老板娘。虽然不太时尚，她的形象倒是让人赏心悦目：到了这个年龄却风采不减，这是她的造化。可见人在什么情景下可以做什么事，上天早安排好了，否则就是不熨帖、不舒服。

海南鸡饭，听上去像是我国海南岛的风味。没错。但是，现在若问起对此略有了解的人，一定会说它是新加坡的名馔。

《海南鸡饭》这种故事，想想也知道，当然不会取材于中国大陆，而正是发生在新加坡。毫无疑问，海南鸡饭是从海南岛传到新加坡的。不光是鸡饭，新加坡的许多经典菜肴，不少是中菜的翻版。

前些年我随团赴新加坡公干，其间免不了宴饮应酬，吃的大多是粤闽兼印度风味，兴趣索然，便暗中与俞百鸣兄商量，一定要尝尝当地风味，否则岂不是白来。经向当地陪同打听，得到两条建议：一是晚上可去吃大排档，二是要找一些小型的餐馆。某天晚上，我们找到一条被大排档完全封闭起来的马路，吃到一些富有当地特色的小菜，但没有海南鸡饭。

第二天，我和百铭兄决意要吃到海南鸡饭，无头苍蝇般到处找，把腿都跑酸了，居然一无所获。正在沮丧万分时，发现身后有家很大的快餐店，里面空荡荡的没几个人，门口倒是立了一块招牌，上面写着"海南鸡饭"，不禁大喜过望。走进店堂，感觉不太好，大名鼎鼎的海南鸡饭，竟然是从类似大陆点心店卖冷面的玻璃小窗口递出！一碗白饭，一碟白斩鸡，一塌刮子（英语，方言，总共加在一起）全在了。一尝，米饭当中含有点鸡汁气，鸡块则乏善可陈。难道这就是海南鸡饭？我们面面相觑，但提不出意见，毕竟身在异国他乡，又是第一遭品尝。

我相信肯定有比这好吃的海南鸡饭，我们只是没有找对。

其实，曾经征服了梅艳芳、吴君如等无数明星的海南鸡饭，制作过程并不复杂，确实就这么简单：

一、鸡烹调法：1. 鸡洗净，搽盐，半小时后把盐洗掉，再在鸡腹中塞一汤匙盐、少许姜和蒜头。2. 将整只鸡放进煮开的沸水（水里放一至二汤匙盐）中，用文火煮约十分钟，捞起，滴干水分，放入沸水中再煮十分钟，熄火，加盖，十分钟捞起，待凉，切块。

二、鸡饭煮法：1. 把米洗净，至少放半小时，这样饭会比较松软好吃。2. 爆香蒜头，把白米炒一炒。3. 把饭倒进锅里，加入适量鸡汤、盐和香兰叶，煮熟。

通常佐以一碟酱油或红辣椒或一碗鸡汤。

完了？是，完了。

有人说，海南鸡饭的关键在于鸡，必须要用海南岛的文昌鸡才对头。可文昌鸡供不应求，是否就意味着吃到的鸡饭大都不正宗？

蔡澜先生《鸡饭酱油》一文，一点也没有涉及怎么做海南鸡饭，倒是写到了酱油："查太太的弟媳妇来家做鸡饭酱油，问我到底什么叫正宗？我说首先酱油要浓，最好买新加坡海南人酿的，找不到的话可买印尼华人的黑酱油。最后，大家去维多利亚越南城，在一家大型的杂货公司找到马来西亚的，我从前吃过，觉得不错。"

看来，海南鸡饭真是有点乱。或许正像张艾嘉《爱的代价》里唱的那样："也许我偶尔还是会想他/偶尔难免会惦记着他/就当他是个老朋友啊/也让我心疼，也让我牵挂/只是我心中不再有火花/让往事都随风去吧……"避风塘里有海南鸡饭，价钱不贵，但我从不敢领教，大概正是出于这种心理。

香江滋味

作为最开放和最具国际视野的都市，香港的成功，为上海的发展提供了很多可借鉴的经验；同时，它的经济文化内涵，也在不断地渗透到上海人的日常生活当中。这不仅仅是指香港的电影、唱片、周大福、谢瑞麟、莎莎、恒生指数……值得一提的还有它的餐饮。

对于没有机会经常到香港旅游的人来说，能够直接切入香港人的生活状态、生活方式的，就要算餐饮了。

据说上海的时尚地标新天地，就是脱胎于香港的兰桂坊。前些年笔者到香港，专诚到兰桂坊"探营"，结果略感失望，因为无论环境还是档次，新天地似乎都比兰桂坊高了一截。但不管新天地怎样时尚、怎样高蹈，它免不了受到香港的时尚季风的吹拂。在上海，采蝶轩、避风塘、翠华等茶餐厅的遍地开花，港式早茶的流行，乃至撒尿丸的受宠，都在显示香港的餐饮业所具有的渗透力和亲和力以及本地海纳百川的胸怀和消化吸收能力。还有，本地一些标榜"港式"的餐室，不满足于玩弄

"港式"玄虚——写几个招牌字、挂几味烧腊，而是重金聘请港厨主理。所有这一切，固然是两地文化融合、对流的证明，但更重要的是，上海人从对香港早茶的不理解到把它列为休闲方式之一，从热衷大鱼大肉，到青睐小碟小菜，从浓油赤酱到清爽淡雅，从粗放到精致，不能不说起香港餐饮业的贡献。

现在可以肯定的是，香港是除我们所熟知的世界性的金融、航运、转口贸易最为发达的地区之一外，还是美食的中心。而在那种五彩斑斓、高度开放的美食长廊之中，香港的本地餐饮能够不为异域美食同化，立足本地，保持特色，开拓创新，独树一帜，实在令人钦佩。

到香港观光，很多人很容易产生一种疑惑：说好的"亚洲美食之都"乃至"世界美食之都"，怎么看不到像北京簋街、上海云南路、天津南市食品街、广州北京路美食街、武汉户部巷、西安回民街、台湾士林夜市、澳门官也街之类"美食集中营"？

从表面上看，尤其在市中心，我们确实看不到大酒店、大餐厅鳞次栉比，三步一家五步一店，但是，要知道，香港寸土寸金，重要的街面房子对于单位面积的产出有比较严苛的要求。餐饮业不可能像金店、表店那样靠少量的交易就可获得较为可观的利润，更重要的是大酒店、大餐厅只做午市晚市，其余时间则利用率不足，这是其软肋。

其实，观光客们只消稍稍抬起头，就会发现，原来，那里大大小小、各色各样的餐厅辅天盖地，只不过它们都被安排在大楼的二层、三层乃至更高的位置。

这种特色，内地比较少见。

香港濒海，又是一个深受粤菜影响的城市，所以，香港厨师处理海鲜最为拿手。如果怀着既定的目标——品尝海鲜，那么，西贡、南丫岛、鲤鱼门海鲜美食村、长洲等地，都是品尝海鲜的胜地。这里，不光香港海域，世界上各类奇奇怪怪的海鲜品种，集中展示，琳琅满目，令人目不暇给。堂吃或到码头上的鱼档买来活蹦乱跳的海鲜让店家加工，是吃货们常见的做法。两者各有好处，难断谁更高明。

香港人自己当然对于海鲜也有一种特别的嗜好。我初到香港，慕名去浅水湾游览。公车开到一个叫赤柱的地方，车上绝大部分乘客纷纷鱼贯而下，只剩寥寥几人。虽然明知目的地还没到达，但我非常不安，好像做错了什么事。我知道赤柱这个地方可是香港监狱的所在地啊，怎么……返回时，我特地在赤柱下车，走了很短的一段路，就发现，原来此间也是相当有名的海滨风景点，更有个大大有名的市场，各类酒吧、餐馆很多，当然，少不了贩卖海鲜的鱼档，很多市民还提着袋子在买海鲜。据说赤柱就是香港有名的品尝海鲜的目的地之一。我相信这里的海鲜一定比铜锣湾、尖沙咀一带的餐厅便宜一些，否则当地人何以近悦远来呢？

香港大马路上的餐厅当然也不都开在楼上的，那些沿街的餐厅，玻璃橱窗内通常放着一两只硕大的鱼缸，里面养着一群奇大无比的长脚蟹或其他贵重的海鲜。而价格之高，往往要吓退绝大部分毫无心理准备的观光客。

海鲜在香港受到了普遍的欢迎，但并不是像青菜萝卜那样廉价，以致人人都可以毫无顾忌地大啖。

春节前去香港，吃货对餐馆陈列出的"年菜"会留有深刻的印象。所谓"年菜"，就是过年时吃的大型盆菜（十几种食材用大砂锅盛放，排列得整整齐齐），里面主要有燕翅鲍参肚虾瑶柱火腿之类，按各种价格和按档次分配食材，包装得喜气洋洋。尽管价格不菲，香港人为了图个吉祥热闹，总不吝购买。

要说香港最为经典的菜肴，非深井烧鹅莫属。它跟烤鸭的烹饪略有不同——在地上挖个深坑（谓之深井），底下堆好木炭，用一根铁棒横在井口，一只品质良好的鹅悬挂在上面，然后用点燃的木炭烤炙，味道绝佳。虽然"深井"并非地名，但长期以来，香港新界荃湾的深井，因与"深井烧鹅"的"深井"重名，再加上那个地方出产的烧鹅确有很好的品质和口碑，到香港的吃货大多会趋之若鹜，大快朵颐。

烧鹅虽好，却不是"不可一日无此君"的食品，香港人日常生活离不开的，正是遍布在大街小街上的小店小铺。它们卖的小吃，大同小异。唯精心措手者，才能爆得大名。即使名气不彰，绝大部分小店小铺还是认认真真、兢兢业业地打理自己的小本生意。其中，菠萝油、鲜虾云吞面、鱼蛋粉、牛肉丸、牛腩、碗仔翅、车仔面、丝袜奶茶等等，都是香港人的常馔，自然也是这些小店小铺几十年不变的保留节目、拿手好戏。

有一回，香港马可波罗酒店的女公关经理请我们在开在酒店里的一家高档意大利餐厅吃饭。散席后，我随意逛街，在离酒店不远处的一家极小的面馆门口，透过玻璃，居然发现那位女公关经理和一位男士在一张只容坐两人的小餐桌边大吃车仔面（二十年前的价格大约是十八港元）！才知道真正的香港人，其实就好最接地气的那一口的。

赏味银河一千间

澳门的娱乐业是全球闻名的，除此，能够让人联想起澳门的关键词，恐怕也只有澳门豆捞、蛋挞和葡国鸡了。这三样，竟然都和美食有直接的关系，可见澳门的魅力"池中"，吃，是占了极大的权重。所谓"只有"一说，来自先入为主的臆想，或者浮光掠影般的经验沉淀。事实上，在澳门，"澳门豆捞"的出现率，未必比上海高；蛋挞有得卖，绝没有铺张到如影随形的程度；葡国鸡，并不是招之即来、呼之欲出的招牌菜，而仅仅是小街小巷里标榜葡国风味的小餐馆菜单上的寻常滋味。澳门有什么好吃的？相信对于许多去澳门旅游的人来说，吃，实在是一个最淡漠的记忆。真遗憾。我只能说，可能说你过分专注于娱乐而从来没有特别留意过澳门的美食，或者只是因为它"暗流涌动"，不够张扬罢了。

辞旧迎新之际，在中国传统文化保存得相对完好的澳门，正在上演一场与春节主题环环相扣的"饕餮盛宴"——纯粹是味觉上的、嗅觉上的，自然其中一定还有视觉、听觉意义上的享受。在银河度假城，上百家食肆，就像开在银河系的焰火，竞现妖娆，你会被各色各样的美食呈现所惊倒，变得无所适从……

盆菜掀起"新"高潮

澳门菜隶属粤菜版图，在广州、深圳、香港、潮汕等地，新年里，有条件的人家总要上一道菜——盆菜。所谓盆菜，就是在一个硕大的盆或锅（砂锅）里集合了十几种荤素食材进行恰到好处地蒸炖。那些地区的年夜饭如果能够上一道大盆菜，哪怕没有其他任何菜肴，那也绝对称得上有底气，有王者之风，由此而来的"彩头"，影响将是一整年。

那天，我们在群芳餐馆，亲眼目睹顶级盆菜的展示。这是一个叫做"贺岁金盆菜，璀璨迎金骏"的迎新活动，来自银河有关餐馆的八位厨师合力制作了一个直径 90 厘米、高 35 厘米的特大金盆菜。它拥有 18 款配料，包括名贵的海参、鲍鱼、花胶、海虾、瑶柱、蚝豉及鹿筋等等，食材之丰富，体量之伟岸，堪称"巨无霸"。据围观的当地人讲，它寓意着食客将拥有丰盛的一年。知名餐馆丹桂轩、金悦轩、群芳等都拿出了看家本领吸引食客眼球。丹桂轩的至尊海味南瓜盆菜、金悦轩滋补养颜盆菜及群芳的八宝海鲜盆菜等各具特点，其中尤以至尊海味南瓜盆菜最有卖点。这个盆菜，取一只十斤重的大南瓜，开一个大口，留下盖，掏去内瓤，放至蒸柜蒸至七成熟待用；将所有的食材配料（计有六头鲜鲍、海参、鹅掌、瑶柱、蚝士、海虾、百灵菇、猪手、羊腩、玉环鸡、叉烧、津胆、鲮鱼球、芋头、杂菌、粉丝、西兰花、发菜等）提前扣好入味备用；往南瓜里放汤以使吸干，将备好的食材加热，然后按先素，后荤，再海味，最后是虾，整齐地放入南瓜内，上面覆以发菜，然后放在蒸柜中加热；浇热鲍汁，一道仪态万方的盆菜大功告成。你可以想象这样的一道菜，该有多鲜、多美、多贵、多好吃！

丹桂轩 VS 金悦轩

从名称上看，丹桂轩、金悦轩都是正儿八经的中菜馆，事实也是如此。它们都经营粤菜，正所谓戏法人人会变，但奥妙各有不同，从它们的一份菜单，就可知道它们的门径有所差异。先看丹桂轩：

鸿运当头（大红金猪，即烤乳猪）、名成利就（云彩翠玉蚌）、金柱好市（瑶柱大蚝豉）、大展鸿图（红烧大鲍翅）、包罗万象（鲍鱼一品煲）、年年有余（清蒸大星斑）、万事如意（上汤翠津胆）、大富大贵（虾多蒜香鸡）、招财进宝（生炒糯米饭）、生意兴隆（鸳鸯玉饺子）、日月争辉（美点双辉映）、玉液仙果（银杏万寿果）、环球时果（鲜果

大拼盘）

不用说，从菜名可以看出丹桂轩秉持的是传统粤菜的路子。传统，并不是陈旧的同义词，正相反，它是历史积淀的产物，因此，用"经典"两字来描述极其允当。一道烤乳猪，外观的喜庆色彩就让人惊艳，更了不得的是，要使其皮脆而汁多，何其难也！但丹桂轩做到了。鲍翅参燕这些传统食材，向来就因难以烹饪闻名，丹桂轩很好地保持了原汁原味，出手不凡，只能归结于驾轻就熟。

金悦轩显然和丹桂轩不同，虽然都治粤菜，它更注重创新和融合。还以一张菜单为例：

> 江南六小品、红酒冻鹅肝拼冰镇象鼻蚌、鲜拆蟹肉干捞金勾翅、脆骨原条海杉斑、鲜松茸汤过桥澳洲鲜鲍、香芒沙律片皮太阳鸡、翠玉珍菌田园蔬、富贵野米炒饭、香麻迷你煎堆（麻球和蜜糕）、椰糖蒸年糕、燕窝鲜奶冻

仔细看哦，两家餐厅用的食材其实差不多，但味道完全两样。从金悦轩的菜单描述可知，它在烹饪上相当注意吸收西餐做法。像那道鲜拆蟹肉干捞金勾翅，和传统的鱼翅羹完全不同，重点在于干捞。干捞不当，鱼翅要么像线粉汤里的线粉，软不

拉沓；要么像炒两面黄的面条，干枯硬扎。金悦轩做的这道菜，火候掌握得刚刚好，吃上去滑而不腻，富有弹性，显示出很高的烹饪水平。香芒沙律片皮太阳鸡，是用一张小而薄的烘饼，包裹一片香芒、一层沙律、一块鸡片，形式感非常强，一咬下去，香气喷薄而出，很有异国情调。

魅惑"红伶"与老派"麦卡伦"

澳门的娱乐城是五光十色的。银河与其他娱乐城的差别在于它内敛而温馨。它以餐饮优胜引来八方来客，但最最具有特色的餐厅或者酒吧都是在一些边门走出去、大堂绕过来的不起眼的地方。其中有两家酒吧不在一个层面，各占一个角落，却如不会相见的一对恋人，雌雄对照，兀自多情招摇。

"红伶"的灵感来自上世纪三十年代的上海，无论是巨型马赛克镶嵌的旗袍美女壁画，还是美国新艺术风格的油画，抑或暗夜爵士风的灯光设计和镂空金属芭蕾人体雕塑以及其他华美的摆件，无一处不精细，无一处不奢华，像极了风情万种而又奢华高贵的物质美人。而调酒师根据客人年龄气质所调出的充满复杂香料气息的鸡尾，亦或多或少让人想起女人香。

"麦卡伦威士忌酒吧"本身即以酿酒家麦卡伦的名字命名。英国庄园式风格，大壁炉、老书架、覆着羊毛皮的大沙发、橡木地板、鹿头装饰，洋溢着浓郁的传统苏格兰味道。这里珍藏着超过四百种顶级麦芽威士忌，调酒师制作的每一款酒，无论多么复杂，最终呈现的总是这款威士忌的最佳口味。这种简单执著的风格，就像一位老派绅士，将刚强内敛，流露的是从容裕如的潇洒。

从"莲花"到"尚坊"

银河区域内的大仓酒店具有日资背景，莲花餐厅应该算这家日本酒店的另类，一方面它的日式料理有毋庸置疑的高水准；另一方面它还提供混搭风格的下午茶，鹅肝酱酿鸡脾菰、云裳玉兔饺、南翔小笼包、菊花奶皇包、燕液千叶南瓜、金盏珍菌泮水芹香、捞起又捞起鱼生、海参虾腰脆脆面……让你迷惑：这究竟吃的是哪路菜？没关系，想必每个光临品尝者都会满意而归。因为南北杂糅、中和交融，每一道菜均显精致、优雅而落胃，想必每一个食客的口味都会被这新奇的组合吊起。

悦榕庄则是一家具有泰资性质的度假酒店，天经地义地展示泰国风味是它的责任和荣光，"尚坊"就是这样一家提供正宗泰国菜品的专业餐馆。它的头盘，由藏红花招牌拼盘、柚子沙律、泰北猪颈肉、鸡肉沙爹串组成，一股浓郁的泰国风味已经微微刺激着你的味蕾。海鲜冬荫功汤地道得让人感觉曾经吃过的所谓泰国菜都在"糨糊"。香煎石斑鱼、棕榈咖喱鸡块、香辣炒花蛤、蚝油菜心等令人大快朵颐，无不体现泰味特色。一道甜品——椰香姜汁忌廉冻，没有人说不好吃的。在"尚坊"舌游一圈，等于逛了半个泰国，而且是实实在在的，全在肚皮里面啦。

度小月·渡小月

台湾小吃当中有一样东西，不应该不提，但可能经常会被遗漏，甚至吃了之后，也不大被人作为谈资的，那便是担仔面。

何谓担仔面？大陆的说法是，清光绪年间，祖籍福建漳州海澄县年仅二十多岁的洪氏芋头公，在夏秋台风频刮的季节，无法出海捕鱼，为维持生计，挑起担子，到台南水仙宫庙前卖面（其制法得益于漳州老乡传授）。他卖的面，就被称为"担仔面"。

懂经的吃客，一定会在"担仔面"前面加上两个字——台南；或三个字——度小月。

加"台南"，是没有悬念的，担仔面的发祥地在台南嘛，好比现在市面上到处在卖的哈尔滨千层饼；加"度小月"，又是怎么回事？唐鲁孙先生有段话说得明白："据说在前清，从台南一直到高雄屏东，居民以出海捕鱼为生，遇到台风季节，或大或小的台风接踵而来，不管台风登陆不登陆，海上的风浪，淘宕滂湃。早年舴艋舳舻全凭人力操纵，风涛险恶，谁也不敢冒险出海，只好把船开进港湾避风。有时台风接二连三地袭来，经月不能出海，只好暂时摆个面摊子，卖担仔面以为生计。出海捕鱼是正当行业，如果渔获量多，可以赚大钱，说不定一夜之间变成巨富，算是大月；至于卖担仔面是临时性质，勉强温饱，算是小月，所以面摊子就给它取名'度小月'。"

要注意一下的是，并非所有面摊子都叫"度小月"，只有洪姓家族做的、有"百年老锅"之称的担仔面，才配叫"度小月"。其他的，或叫台南担仔面也好，或叫台湾担仔面也罢，随便。

"度小月担仔面"成功的秘诀在于它的肉臊，而只有特定的传人才了解肉臊的配方（传，煮肉臊的汤用鱼骨虾壳，必须用砂鼓子银炭小火慢炖，看点就在那个从来不洗的肉臊小锅里，锅边的肉臊日积月累，锅里的肉臊却越来越香。肉臊做好，装坛密封，存放在阴凉处一段时间才能取用）。另一个杀手锏便是它用虾子熬煮的高汤（传，火候及食材和汤水的比例极难破解）。还有一个标志性的做派：当年老板用一只小炉燃烧木炭来煮肉臊，客人坐在小板凳上围着小炉，一边看老板操作一边闲聊，如今一仍其旧。

肉臊，说穿了就是肉糜。《水浒传》里鲁提辖作弄郑屠，让他没完没了地切肉臊子，以致其怒火中烧，按捺不下，惹来杀身之祸。可见这是个极需耐心的活儿。

吃过陕西岐山臊子面吗？那可是大名鼎鼎的，其中的臊子，做法工序繁复，极为讲究。担仔面里的肉臊和它很像。相比较而言，台南担仔面可能稍微精致些。

说起担仔面，上海有家卖这种面的，很有名气，店名就叫"台南担仔面"，开在上海展览馆的西侧。提醒一下，这家店虽然标榜吃"担仔面"，实际上是家极其高档、富丽堂皇的海鲜食肆，单纯冲着"台南担仔面"去的人可得留个心眼，以免尴尬。

"度小月担仔面"已传至第四代了，但它也没怎么大肆扩张，比较牛逼的是它名片上的一句话："士农工商在此闻香下马。"果然，台湾政坛的许多风云人物如蒋经国等趋之若鹜，都是它的顾客。唐鲁孙先生曾亲眼看见嘉南的县长林金生一吃就是十碗八碗。这还不算厉害，有人报料说，有位叫张寿龄的先生一下子吃了十八碗！

看官休得吃惊，吃担仔面用的碗都是极小的，差不多只不过玻璃杯口大小，比喝功夫茶的茶盏则要大些。当然，一下子吃十八碗，堪称大胃王了。更了不起的是，如此手不释碗，连续作战，活像举哑铃或踩缝纫机，一般人也吃不消啊。

很遗憾，我在台湾，在台南，没有机会吃到"度小月"。不过，我吃到了"渡小月"。

那天，咏妍带我们去一家餐馆吃晚饭。我一看"度小月"三字，就纳闷：怎么吃上担仔面了？前几天在高雄不吃，今天到了宜兰倒吃上了！

这顿饭吃完，我们竟还没能吃上一碗担仔面！

对这件事，我一直耿耿于怀。

前几天，我微信咏妍，毫不客气地批评她照应"不到位"。她在那头扮了一个"窦娥"："大哥，您错怪我了。看仔细咯，这个'渡小月'可不是那个'度小月'哦。"

果不其然，多了三点水。

一不小心，"羊肉"变成了"洋肉"。

在咏妍看来，"渡小月"的担仔面也是极可口的，可那次，我们并不是为了"担仔面"，而是由于"渡小月"做的兰阳古早菜最为有名。

"渡小月"是一家在台湾极其有名的餐馆，纯粹中菜，店面装潢得古色古香。中国台湾地区领导人的重要宴请，往往放在那里。

疑似"度小月"的"渡小月"，倒也不是简单照抄"度小月"的名称：其店原来以外烩起家，后来形成了大月包外烩、小月自家做的格局。

由于在自家门口"当垆卖酒"，故称"渡小月"。然而，时至今日，几乎每天都是"自家做"，名义上自然是"小月"，实际上却是"大月"。

奇怪得很，"渡小月"的大门朝着一条大马路而开，但这条

大马路却是漆黑一片，唯有"渡小月"门口放着的一只很大的
灯箱光芒四射。有意思的是，上面印着密密麻麻的字，围绕
"渡小月"和"创立于1968"，全是菜单：

红烧鲭鱼、刈包、米酱鲫仔、四宝汤、葱油烧鸡、炒
乌鱼鳇、古老鱼翅、冬菜排骨、螺肉蒜、虾仔饼、酸笋大
封、盐酥排骨、玉柳枝、米糕红鲟、煮肉丝面、葫芦鸡、
美国麻薯、菊花虾、粿仔汤、兰阳鸭赏、XO酱豆腐、当归
鸡汤、尾薯丸、八宝鱼翅、铁排花枝、西鲁肉、走油花枝、
桂花炒鱼翅、八宝芋泥、刈菜干贝鸡、鱼头火锅、蛋黄大
虾、胆肝、炒海瓜子、茄汁排骨

灯箱两侧，一边是：白菜鲁、烧卖、烧鲫、烧酒鸡、枣饼、
红烧鳗、蚵仔汤；另一边是：豆犁饼、肝花、玉树鸡、铁排鸡、
咕咾肉、沙翁……

这样一份菜单，无论放在谁面前，都会让人眼花缭乱，不
是它菜肴的繁多，而是里面许多东西让人费猜测，比如沙翁，
那会是什么？一筹莫展。又比如玉柳枝、刈包是什么？一头
雾水。

一顿晚餐，我们吃了些什么？我打听了一下：

鹅肉、鱼肝酱、墨鱼香肠、螺片沙拉酱、生鱼片、鱿鱼条、小鱼小炒（辣椒、豆腐干）、仙草鸡汤、蜜汁中卷（鱿鱼）加米糕、红焖猪手、药膳虾（蒜头、枸杞）、糕渣和肝花、烤鲑鱼头、杏仁豆腐……

对比灯箱上的菜单，发现，居然没有一样完全对应得起来！天晓得这点的算哪门子的菜？

值得欣慰的是，这顿饭中有两样菜是宜兰特色，而且是"渡小月"做得最好：糕渣、肝花。

这两样东西居然被放在一只腰盆里，好像要把"范冰冰"和"李冰冰"捏成"范李冰冰"，以便使她们各自阵营里的"粉丝"聚拢在了一起，达到影响力的最大化。糕渣是宜兰人勤俭节约的见证。从前穷困时期，一席宴会之后总会残留一些残羹冷炙，弃之可惜。于是，宜兰人拼拼凑凑，再加利用，就发明了糕渣。

糕渣的做法是：将鸡胸肉、虾仁、瘦猪肉剁成泥，加入熬煮了五六个小时的高汤中，打成浆，倒在盘中冷却，凝成一定的形状，再切成块，外裹面粉，下油锅炸至金黄，便可食用。端上桌，千万小心，糕渣外表看来温润如玉，实际上极烫，很像刚刚下灶的豆腐，性急者很可能被烫得哇哇乱叫。正确的吃法如同吃小笼包子，蚕食而进。鲜美，柔嫩，芳香，实诚，正可谓"凝固的高汤"。有人说，它就像宜兰人的性格——外冷内热。

再说肝花。

相对于"糕渣"的出身，肝花从来就是有钱人的佳味：以瘦肉或内脏、鱼浆、荸荠、葱花等配料，剁碎，再裹以豆皮，入油锅炸。当年的肝花，因为大部分人以猪肝为主料，所以才叫这个名字，现在的肝花用料当然更加考究了。

糕渣和肝花拼盘边上放着一小碟蘸酱，据说是特配的萝卜泥蘸酱，口味重的人可以蘸着吃。

"渡小月"的招牌菜应当还有西鲁肉、芋泥、枣饼。西鲁肉相当于上海的白切卤肉，特别之处在于配大白菜、笋丝、香菇；芋泥是把芋头捣成泥，用大火蒸软，细腻滑润（台湾人喜欢吃这个，而且做法多样。上海有专门吃香芋的小食铺，估计多数为台湾人经营）；枣饼是由金枣、橘饼、糖冬瓜混合而成的传统甜食，是兰阳人宴席中不可缺少的点心。以上这些，有的灯箱上有，有的灯箱上无，总之，我没有吃到。不过我不觉得惋惜，因为它们的味道，我能想象得出来。

我倒是对吃过的几个菜印象有点深刻：一是墨鱼香肠。我们平时吃到的香肠都是淡红色，它却是黑色的，如同里面灌了黑芝麻。按说即使用了墨鱼，也应该是白的呀，只有一种可能：掺了墨鱼汁或子（西班牙餐里有一种饭，也是乌黑的，加了墨鱼子）。这种香肠吃起来比较香，只是明显有股海腥气。另外一种是仙草鸡汤。仙草又名烧仙草，台湾新竹盛产，汁水黑黑的，我们平时吃的龟苓糕可能要放仙草。仙草鸡汤的卖相不一定让我们喜欢，基本上白（鸡肉）配黑（汤水），吃起来有一种特殊的草药香味。还有一种是蜜汁中卷加米糕。蜜汁中卷是鱿鱼卷，米糕实际是酱油糯米饭，铺在茄汁鱿鱼卷下面，两样东西夹杂着吃，有点味道。

开始，我觉得"渡小月"套用了"度小月"的名字，"度小月"一定很生气，会用法律手段让"渡小月"关门歇业，实际上两家店相安无事。也许他们以为，你做你的菜，我做我的面，至于名称嘛，只不过是一种符号。事实上，两家店各有特点，非但互不打压，彼此还帮衬提携。这不，我们不是冲着"度小月"去的吗？而去过"渡小月"后，就愈发想念"度小月"了。

士林夜市

我是公差到的台湾，去过之后，发现，台湾小吃其实很粗放、很实诚、很大器，若有一个"豪大大"吃下去还能进一只蚵仔煎、一枚大肠包小肠，再加一杯粉圆奶茶，我佩服他好胃口。我抵达台北的当天，是下午五点。接机的小伙子秀玮和小姑娘妙穗建议说："大哥，明天您要离开台北到别处去了，要不陪您到处看看？"我一听，正中下怀，连忙说："行李我也不放到房间里去，就寄存在账台上。我们现在就去，到士林夜市！"

现在回想起来，我的机遇真是好极了：秀玮喜欢吃，精通台湾民间美食，他原来是个大块头，经过瘦身训练，体重轻了几十斤；妙穗则是在士林夜市边上的大学念的书，熟悉每个摊位的情况，如数家珍。我对他们提了两个要求：一是我来买单（陆客应该有这点腔调）；二是不管好不好吃，拣最有名的吃。

猪血糕

士林夜市，灯火辉煌，人声鼎沸，像赶大陆的庙会。近入口处，就见一家门面较大的店前排起了长队。走近，哦，原来是卖豪大大鸡排的。我跟秀玮说："我们就排这个队。"豪大大鸡排，早有耳闻，太有代表性了，岂能过屠门而不嚼？我家附近一个小店有卖，我嫌它简陋狭小，颇多疑虑，连凑近探视的冲动也没有。今天到了"原产地"，再也不能视而不见。但是妙穗说："我们先到里头去吧。"我有点疑惑，但又不便执著。走着走着，秀玮对我说："大哥，您是否要尝一下台湾最恶心的小吃？"我说："恶心？什么东西？""猪血糕。我最喜欢吃了。"秀玮一边说一边掏钱买下。原来，所谓"猪血糕"，系用米糕和猪血混合而成的一种蒸糕，黑乎乎的，形状就像上海的赤豆糕，但它需要蘸酱料。我要了经典蘸料（微辣），秀玮要了一种平和些的（他胃不好），妙穗则袖手旁观（也许小姑娘觉得确实恶心）。尝一口，没怎么恶心呀，那是一种黄松糕里掺鸡鸭血的味道，说不上好吃，但绝对不难吃，熟悉鸡鸭猪血的上海人完全能够接受。秀玮称赞道："大哥，您真厉害。"我心里想：这算啥呀，我们一边用猪血拌老粉批墙壁，一边还用猪血做菜、做汤下饭呢。

油饭

"哎，大哥，这个东西您一定得尝尝。"秀玮把我带到了一个卖油饭的摊位。油饭，是极富台湾特色的小吃，由烧熟后的糯米、鱿鱼、瘦肉、香菇、虾米以及葱、盐、酒、酱油、麻油、鸡精等搅拌而成，味道在煲仔饭和糯米鸡之间，糯糯的，又不失咬劲。吃油饭时一般要佐以螃蟹羹（以螃蟹脚里的肉为主料）。老板用几个小纸杯帮我们各盛了两份（饭和羹）。这样的小吃，完全可以当作工作餐来用，既营养，又滋润，不要说讨小白领喜欢，大叔级的高管也一定不肯放弃。一杯油饭就这样不知不觉当中下肚了。不消说，胃，有点鼓出来了。

我看到多家店招标榜"大肠包小肠"字样的店铺。在我的脑子里，想象它应该和大陆的九转大肠相同，肠子套着肠子嘛。"大肠就是糯米肠，小肠就是香肠。大肠包小肠，是将体积较大的糯米肠切开，再往里边夹一根台式香肠。"秀玮边说边走。听说又是糯米又是香肠的，条件反应似的，我的肚子就发胀。

地瓜蛋

突然，秀玮停住了脚步。我左右一打量，只见一个摊位的背后黑压压的都是人。再抬头，哦，原来这里有个小型简易舞台，上面馨铃哐啷地正在演歌仔戏。演员扮相漂亮，动作优美。观众懂戏，或喝彩，或鼓掌，台上台下，互动热烈。啊哈！小食吃吃，小戏看看，那才是草根的幸福生活。

"哎，大哥，看什么呢！您看到这个小吃吗？"秀玮指着面前的摊头说。我回过神来，猛然醒悟，敢情人家就没让我去看戏，而是要我关注一下眼皮底下的美食——地瓜蛋。

地瓜，就是红薯，山芋。那个地瓜"生"的蛋，又是什么呢？原来，它是用山芋加工成一个个像鹌鹑蛋大小的丸子。地瓜蛋们被整整齐齐地码放在一只盘子里，等待下到隔壁一只大油锅里去炸。"这有什么可大惊小怪的呢？"我心里想。"大哥，这东西好吃。"秀玮非常坚决地一边掏钱一边对女老板说："来三份！"女老板很客气地对秀玮说："对不起啊小弟，油还没热啦。"秀玮一脸失望，对着我一个劲地解释："油没热，油没热，吃不了啦。"我知道这个地瓜蛋对于秀玮来说绝对是不容错过的美食。可是，我肚子空间有限，还要为"豪大大"预留一角，不吃也罢。想想它的味道大概也是不错的，要不然秀玮怎么会那么"怅然若失"？

豪大大鸡排

走出了中心市场，我们开始沿着马路行走。马路两边依旧是闹哄哄的小吃摊位，更多了些卖小商品的小贩。秀玮、妙穗在一辆像大陆卖油煎饼的流动小推车面前停了下来。"大哥，您看呐，卖正宗鸡排的地方到了。"开玩笑！破破烂烂的一个摊位，能称正宗？"哎，大哥您可别看不起它，这可是豪大大鸡排的创始店哦。"我一看，果然不错，在它上方的小铁牌上明明白白标示着"豪大大鸡排创始店"字样。回想一下，一路上卖鸡排的店摊不少，可谁敢标榜自己是创始店呢？除了这一家。此时，一直微笑而寡言的妙穗话多了起来："大哥，我就在对面山上的大学上的学，我们几乎每天都要到夜市逛的，最清楚哪家店最好最实惠。这家铺子的鸡排最正宗了。"也许我是用常规的思维方式在看问题。在此间，谁的"立升"（经济实力）大，谁的广告多，谁的位置好，谁的门面阔，谁就是老大，谁就是正宗。可这些，在台湾，至少在小吃上，全不适合。

到这里买鸡排的人不多，只排了四五个人的队。我相信那些买鸡排的人，只能是当地懂行的人。不多时，轮到我们，秀玮买了两份鸡排，每个都有大胖子的脸那么大（他们吃原味的，我则让老板加了一点辣椒粉），分装于两只牛皮纸做的袋子里。一个给我，另一个他俩平分。我觉得不好意思，一定要和妙穗分享，秀玮忙说："别啊，我们经常吃，吃得太多了，您好好享受。"唔，脆脆的，香香的，有嚼劲，还有一点幼嫩，难能可贵的是还多汁。味道嘛，倒也平常，如果用什么来比方的话，好像洋快餐里的炸翅根。奇怪的是，一开始你会觉得不过如此，咬一口二口就可罢手，可既然吃上了，会上瘾，欲罢不能，一口接着一口……吃吃停停，半个鸡排下肚，就再也无法消受了，手里的半块鸡排成了负担。

为什么鸡排要做得那么大？我想这是谁也说不太清楚的。

至少，做得小，那就辜负了"豪大大"的美名了。难怪所有的鸡排店都打出一行字：本店鸡排，一律不切。

爱玉

我们开始从原路返回入口处。看我几乎"按兵不动"，秀玮指着一个摊位里的一只大面盆对我说："大哥，试试这个。"面盆里汤汤水水的，一小块一小块浅褐色的"果冻"挤挤挨挨，上面浮着几只柠檬。"大哥您误会了，这可不是果冻，上面的也不是柠檬，这是台湾特产，叫爱玉。"我问："像果冻一样的东西是用琼脂（一种果胶）凝结的吧？"我显得很自信。然而秀玮的答案却是否定的："不是。爱玉是山里的一种植物，要制作爱玉冻，得先将爱玉籽裹在纱布里放在冷开水中浸泡，不断搓揉，等到它的果胶被挤出来后，不消一会儿，透明、滑软的爱玉冻就成了。加冰块和各种配料，一杯香气润喉、清爽可口的饮品，绝对让人爱不释手。"摊头招牌上写着许多品种可供选择，有：粉圆加爱玉、爱玉加鲜奶、绿豆加爱玉、爱玉冰，等等。我点的是爱玉冰。手持一杯吮吸着，深深为之陶醉。这真是妙不可言的饮品。我想到的是，哪一天这件妙物能大规模地引进大陆，那么，风靡一时的珍珠奶茶就可以退位了，因为无论品质还是味道，爱玉都更自然，更爽口，更胜一筹。

错过的美味

重走老路，我格外注意来时忽略的一些我认为有特色的小吃，自然，我心目中的"特色"，权重很大者在于名称的"好玩"。比如，生炒花枝。我不解。秀玮说："所谓花枝，就是鱿鱼的爪。"我明白了，看到花枝和一些花花绿绿的蔬菜在一个锅里翻炒，以为是一道小菜，就此别过。又比如，大饼包小饼。我问老板有什么说法。老板见我不像要买的样子，倒也没有显出不耐烦，比画着，只是话说得非常简洁："把大的饼包住小的饼咯。"这也不够奇妙，转身就走。后来，回到宾馆上网检索，发现自己大大地鲁莽了。

按照比较正统的说法，赴台旅游者到士林夜市，若要品尝小吃，有几样不可轻易放过：一是生炒花枝；一是士林大香肠（含大肠包小肠）；一是大饼包小饼；一是蚵仔煎或蚵仔面线；一是广东粥；一是药炖排骨。

生炒花枝是士林首选，大块的新鲜鱿鱼花枝和胡萝卜、笋片一起快炒，勾薄芡，做成羹汤，再加醋和糖调味；士林大香肠被称为"士林夜市的美食地标"；大饼包小饼，据说是"台湾最有趣的小吃"，它也不像老板告诉我的那么简单，而是在大张面皮中包小油酥饼，小油酥饼内的馅则分甜咸两种，甜的有豆沙、芋头、枣泥等，咸的则有花生、咖喱等，吃起来风味相当独特；蚵仔煎（或蚵仔面线），新鲜蚵肉和其他食材合作，特点在于鲜嫩；广东粥乃由新鲜蚵仔、油条、蛤蜊、花枝、瘦肉、皮蛋等食材一锅煮，料丰味鲜；药炖排骨，当然是中药材和小排骨烧成的啰。

这些士林小吃"代表作"，我都错过了。然而要说遗憾，也未必。理由是，对我来说，存在的，并非全都合理。举例说，生炒花枝，其近于菜，从小吃的角度我不会添加关注；士林大香肠虽然有名，但让一个外乡人去首选自己非常熟悉的东西（香肠），不现实；大饼包小饼，比较容易撑饱，其非以一当十之物，食者采取"围魏救赵"之策，以实现"美味最大化"，也在情理之中；蚵仔煎（或蚵仔面线）和广东粥，在大陆有所接触，即使有欠纯正，想象空间毕竟有限；药炖排骨，是否就是肉骨茶？若是，此刻，更不会尝鼎一脔了。总之，饮食这件事，在特定的时空当中，往往是"既生瑜，何生亮"的，况且，来日方长，机会还有，着什么急？

台湾小吃琐记

淡水老街·阿给

台湾小吃当中还有一样叫"阿给"的，在士林夜市好像没见到，我是在淡水老街上碰到的。所谓阿给，是日本话"油炸豆腐"的译音。将四方形豆腐切开做成袋状，塞入细粉，再用新鲜鱼浆将切口填补，蒸熟，淋上特制的甜辣佐酱即可享用。淡水老街上的那家"阿给"店，标示"手工阿给创始店"字样，不大，与上海吃桂林米粉的店差不多的小，然而所列品种繁多，摆出一副舍我其谁的架势。我随手记下了部分品种：鱼翅阿给、干贝阿给、原味阿给、沙茶阿给、麻辣阿给、素食阿给、黑胡椒阿给、鲍鱼阿给……我点的是原味阿给（即细粉馅），一小碗盛一个，再加一碗鱼丸汤，属于经典搭配。我后悔没有一探究竟：那些鲍鱼阿给之类，是指鲍鱼馅还是指佐酱的风味？看鲍鱼阿给，标价四十元新台币一枚，如果塞点耳屎大小的鲍鱼，也不见得奢华。须知台岛的鲍鱼并非如我们想象的那么金贵。

阿给味道鲜美，然而就个人口味来说，我更喜欢江南一带流行的"双档"。

桃园·麻薯

桃园县大溪老街，以中西杂糅、古色古香的牌楼闻名台岛，成为一个热门旅游点。几乎所有骑楼下面都开着商铺，卖各色工艺品和小吃。各色小吃当中，麻薯居多。所谓麻薯，是用糯米粉或其他淀粉类制成的有弹性和粘性的食品，当地人叫"饼"，在我看来应该叫"团"——一个个像宁波汤团。麻薯的吃口完全像我们这边的糯米团，其内含豆沙，外粘玉米粉（防相互粘牢），只不过小了一点，显得玲珑可爱。它的味道繁复，主要取决于上面嵌滚的粉料，比如上的是椰丝，就是椰丝麻薯；上的是芝麻，就是芝麻麻薯，以此类推。有一家专卖麻薯的小店，敞开的货架上陈列着大约十几个品种，每个品种前都放着"试吃品"——大概是一只麻薯的四分之一大。这种东西，我是有所领教的，大陆也有，只不过品种较少，很多人不太经意罢了。我在日本时，满眼都是这种小食，日本人叫它"菓子"。据说日本人把它读作 mochi，台湾音转为"麻薯"，可见此物可能最初来自日本，后来在台岛光大。

老板娘非常热情，一定要我尝尝，而且一定要统统吃一遍。十几个四分之一下去，也有三四个的量，够了。作为一种小食，我看，以此作为茶点最为合适，尤其是就着乌龙茶最佳。当然，作为伴手礼送人，礼到心到，相当妥帖温存。

旁边一家店卖的竟是西点，这就有点让人觉得格格不入了。不过，你要知道，这条街的建筑风格乃是中西混搭，也就可以释然了。西饼店品种不多，最抓人眼球的主打产品是——"威尼斯"。

"威尼斯"是一种枕形蛋糕，比凯司令的大雪藏还要大一号，它由一层层的起酥、薄脆中嵌一层层新鲜搅奶油精制而成，层层叠叠，纹理漂亮，非常馋人（有点像上海西饼店卖的拿破仑）。这个看上去十足舶来的东西，却是该店研发的。谁能吃得下那么个大家伙！别急，老板照例笑眯眯地缠着大家"试吃"，一人一小块。果然好吃，外脆内酥，满口奶香，狠命一咬，看上去内中的鲜奶像要飙了出来，其实不会。有个重庆"妹纸"立马掏银买下一个。我提醒她：咱们离台还有六七天，当心放坏了。她一点不急：那就这两天把它吃了呗。

老街的尽头，有个老妪在小推车上卖著名的"大肠包小肠"，无人问津。我在旁边仔细看着她操作，良久，忍不住买了一个。怎么形容？上海粢饭＋美国热狗。就这味！

苗栗·永安状元糕

苗栗的大闸蟹现在在台湾已经很出名了，这是他们与上海崇明合作的产物。但大闸蟹并不是苗栗的"土产",他们那里有什么小吃?我不太清楚。我吃过该地出产的一种糕——永安状元糕,是所谓金牌产品,圆圆,大大,白白,干干,看上去像一只披萨,切成锥形的六至八片,一咬,一股奶香喷薄而出,间有浓郁的杏仁味弥满口腔,比想象的要好吃得多。说是糕,其实称"饼"更为允当。

而宜兰出产的"宜兰饼",是否应该称作"饼",值得商量:窄窄的,长长的,(两头)圆圆的。在上海,这类饼,我们叫它"鞋底板"、"袜底酥"。不过,宜兰的"鞋底板"可没我们想象的那么实诚,非常薄,就像尚未卷曲的蛋卷皮(估计能透出光亮),极脆,靠谱的是咬下去不会四分五裂,搞得一塌糊涂。淡淡的甜加烘烤而成天然的香,让食家很享受。毕竟是名品,不含糊。

高雄·生炒花枝

一直纠结在心的"士林夜市首推小吃"——生炒花枝,在高雄终于吃到啦。

高雄"香蕉码头"的老板张女士热情地请我们去她的"码头"参观。原先我以为她开的是小杂货铺,一到那里,发现大错。高雄港旁边矗立着一幢大厦,里面开着甜品店、工艺品店、百货店、酒店、饭馆等。张女士请我们在她的甜品店里吃"香蕉冰"——一种用香蕉制成的冰淇淋（有点像大陆的香蕉雪糕，不过人家是现做现卖，而且完全由香蕉制作）。

"香蕉码头"没有小吃店、夜排档，张女士便在附近找了一个。一碟碟的小海鲜端了上来，其中有一样下酒菜，吸引了我，对，它正是大名鼎鼎的生炒花枝。酸酸的，甜甜的，新鲜嫩滑的鱿鱼的"手脚"，间有蚵仔出没，有点意思。如果一定要说怎么好吃，从我这个上海人比较狭隘的饮食口味而言，多吃一道或有助谈资，少吃一道或无伤大雅。

宜兰·糖葱

台湾宜兰传艺中心，是个精致的公园。所谓"传艺"，指的是那里展现的是富有台湾特色的商品，与众不同的是，游客在那里非但可以买到心仪的小商品，还能亲身体验制作过程（DIY）。中心里头也设有不少小吃店，其中一家小店里可以吃到台湾有名的"糖葱"。

我在"糖葱"店门口看见两个老外正让做糖葱的师傅提着一缕缕像挂面的糖葱，摆着"抛势"（POSE）进行拍照。大概老外觉得这样的糖，十分奇特。我想起前年在丽江古城街上，看见两个壮汉正使劲捶打一坨姜糖块（好比打年糕），然后拉成细条，切割后出售。是不是糖葱也是如法炮制？

我很好奇。

跟着师傅走进卖糖葱的店里参观。

糖葱，自然是以糖制成，乳白色，因形状像葱，故名。店里挂着一块牌子，上面详细说明糖葱的由来。据说，在日占时期，日本人禁止台湾人食用台湾出产的甘蔗，并想把这里生产的蔗糖运回日本。台湾人民无法接受这种掠夺，他们利用糖的特性，做成糖葱，巧妙地把蔗糖资源留在了本土。有一种说法，目前，制作糖葱的技术逐渐失传，掌握这门技艺的师傅不足十人。能够看到糖葱表演的，一般在民俗展示园区，如民俗文化村。

糖葱和丽江姜糖制法不同。它将蔗糖煮成糖浆，冷凝为膏。以一根一尺长的圆棍将糖膏反复拉扯（像拉面条），使膏内充满空气而形成细管（似蛋卷），最后用剪刀将它剪成三寸长的糖条，再掺点花生粉即可。说说容易，真的要做起来，恐怕也难。我在店里看两位师傅正在剪糖葱，背后则挂着七八条未剪断的糖葱，未能见到整个制作工序。师傅让我品尝，我感觉像手工花生牛轧糖，但没有奶油香气（不加奶油？）。它甜得适中，更有一股清香，蔗糖原味使然吧。

糖葱虽不起眼，如果不是深度游的陆客，是很难见识的。

宜兰传艺中心里面还有一样小吃也奇特得很，名字叫肉纸。顾名思义，把肉做得像纸一样薄，才能叫肉纸。夸张？一点没有。我拿一张肉纸对着灯光看，肉的纤维完全暴露在光线当中。

吃过靖江的猪肉脯吗？哦，肉纸的厚度只及它的十分之一，或许还不到。放在嘴里，无须咀嚼，一种慢慢融化的期待油然而生。淡淡的肉香，驱之不去。那么细微的食品，却被分成各种味道，有蒜味红曲、杏仁黑芝麻红曲、杏仁红曲、原味红曲、黑胡椒红曲……让人一时不知如何下手。

日月潭·茶叶蛋

到日月潭游玩的人，大概没有不知"阿婆茶叶蛋"的，兴趣盎然者，必定要冲进"重围"，买颗尝尝。

"阿婆茶叶蛋"之所以如此轰动，好吃是一个方面（系用南投出产的红茶与埔里出产的香菇熬制，味道很Q），更重要的是"有故事"。传说当年在日月潭当炉卖蛋的不在少数，也许"有碍观瞻"，当局加以整肃，唯有"阿婆"拿到经营牌照得以"驻节"。有消息说，此乃蒋经国"特批"。阿婆邹金盆，二十多岁就在这里卖茶叶蛋，如今已是八旬老妪。我推测她一定是拿出了一场苦情戏给蒋经国看并打动了他。这个"故事"经导览渲染，"阿婆茶叶蛋"爆得大名，平时二三千颗，节假日竟有四五千颗的销量（以人民币计，每天可进账一万多元）。现在，不是"阿婆"要寻生意，而是生意在找"阿婆"，它成了日月潭旅游的一道风景。游客过此，品尝一颗，好比在石头或树上刻下"本人到此一游"的标记。当地一位官员开玩笑说，"阿婆茶叶蛋"要歇业一天的话，须报批，以便"安民告示"，否则游客造访扑空就会投诉啦。

台湾淡水街上到处是卖茶叶蛋的摊店，现煮现卖，为了方便让游客带走，有的还做成"真空装"。不过，咏妍力谏我们品尝一种叫"铁蛋"的蛋品：小小的（介于鸡蛋和鹌鹑蛋之间），黑黑的，四个一袋，真空包装。一尝，滋味浓郁，酱汁入里，比"阿婆茶叶蛋"Q得多，我以为掉在地上肯定能够弹起。这是深受台湾年轻人欢迎的小吃，没有当地人的推荐，像我们这样的匆匆过客是无法注意到它的。

艋舺街·槟榔

艋舺街上则是另一番景象，三步之内，必有槟榔。卖槟榔的小店，比到处可见的7-11便利店还多。邓丽君的《采槟榔》："高高的树上结槟榔，谁先爬上谁先尝……"耳熟能详，可是我没有见过槟榔长什么样，也就不知道怎么吃。看见槟榔店星罗棋布，很想看一看尝一尝。巧的是，导览小简从口袋里摸出一包槟榔，问大家要不要尝尝。十几只手举了起来。小简一本正经地说："吃这种东西要做好昏过去的准备，而且，还会流血哦。"原来，不习惯的人吃槟榔，会发生"醉"的现象，严重的便是晕头转向。而所谓"流血"，是咀嚼之后唾液和槟榔发生"化学反应"，呈现出粉红色的状况。这下，举手的人少了，但我还是愿意以"醉"买欢。吃法是，把一小粒槟榔的果肉用一张箬叶包裹成粽子形（比粽子糖还小），叶子上抹一些石灰，然后放到嘴里嚼。什么味道？什么味道也没有！只是涩涩的，比吃檀香橄榄还不如，倒是因为有些紧张，心理暗示作用之下，居然有些"昏"的感觉出来（其实是车辆颠簸所致），隐约有"流血"的痕迹。

槟榔有什么好吃的？简直无法想象！可是台湾人就是喜欢吃。小简再三关照，嚼完的槟榔要收好，不可随口吐在地上。台湾有些区域，满地都是嚼后的槟榔渣，让人产生"这里刚刚发生过群殴事件"的错觉，当局曾狠下禁令严打重罚。这也可证明，槟榔在台湾人心目中的地位。

到台湾，不可不尝槟榔，也不可多尝槟榔。

台湾小吃当中比较让人吃惊的还有各色豆腐干，林林总总，数也数不过来。我疑心这是台湾人极爱的小吃，可是陆客大多视而不见。也许他们觉得到台湾要寻有特色的东西吃，殊不知这就是最具台湾特色的小吃！不过呢，不吃也罢，毕竟豆腐干也不是绝无仅有的小吃，要吃的还多着呢。

台湾小吃名目繁多，并不虚传，但也有一些令人瞠目结舌的情况，比如不时可见"温州大馄饨"、"绍兴大香肠"、"山东大馒头"等等的店招飘扬。温州馄饨很出名吗？我怎么不知道。

绍兴香肠名气还能大过广东香肠？我很疑惑。山东馒头有名，可再有名，也大不过山东煎饼呀。突然悟到，上世纪四十年代末，国民党军队溃退至台岛，随行军士，可都是有爹有娘，有妻有儿，有亲有眷，有籍有所，有家有乡的人啊，他们远离故土，吃不到正宗的家乡味，难道还不能让自己假借一下故土之名，以解思乡之情？

于右任先生在《望大陆》里说："葬我于高山之上兮，望我大陆；大陆不可见兮，只有痛哭。葬我于高山之上兮，望我故乡；故乡不可见兮，永不能忘。天苍苍，野茫茫；山之上，国有殇。"语气沉痛，正是这种思乡之情的传神写照。

两岸暌隔已逾一个甲子，彼此有些差异，也属正常。值得庆幸的是，两岸的饮食源流、习惯从来就没有断裂过，光就这一点论，即可证明，我们是同胞，是兄弟。

图书在版编目（CIP）数据

南船北马　吃东吃西/西坡著. —上海：上海文化出
版社，2018.8
ISBN 978－7－5535－1276－1

Ⅰ．①南…　Ⅱ．①西…　Ⅲ．①饮食-文化-中国
Ⅳ．①TS971.2

中国版本图书馆 CIP 数据核字（2018）第 145776 号

出　版　人：姜逸青
责任编辑：顾杏娣　赵光敏
装帧设计：叶　珺　介太书衣

书　　　名：南船北马　吃东吃西
作　　　者：西　坡
出　　　版：上海世纪出版集团　上海文化出版社
地　　　址：上海市绍兴路 7 号　200020
发　　　行：上海文艺出版社发行中心发行
　　　　　　上海绍兴路 50 号　200020　www.ewen.co
印　　　刷：上海天地海设计印刷有限公司
开　　　本：889×1194　1/32
印　　　张：9.125
版　　　次：2018 年 8 月第 1 版　2018 年 8 月第 1 次印刷
国际书号：ISBN 978－7－5535－1276－1/Ⅰ·477
定　　　价：38.00 元
告　读　者：如发现本书有质量问题请与印刷厂质量科联系
　　　　　　Ｔ：021－64366274